程序设计
项目实训与竞赛训练综合指导

主 编◎潘 怡 黄 娟 何可可

湘潭大学出版社
XIANGTAN UNIVERSITY PRESS

编 委 会

主 编 潘 怡 黄 娟 何可可
副主编 刘 欣 童 炼 杨凤年 杨 刚

前　言

习近平总书记强调："创新是社会进步的灵魂，创业是推动经济社会发展、改善民生的重要途径。青年学生富有想象力和创造力，是创新创业的有生力量。"2015年，《国务院办公厅关于深化高等学校创新创业教育改革的实施意见》把创新创业课程纳入国民教育体系，从健全创新创业教育课程体系、创新人才培养机制、改进创业指导服务等9个方面促进大学生创新创业教育。2021年，国务院办公厅发布了《关于进一步支持大学生创新创业的指导意见》，强调纵深推进大众创业万众创新是深入实施创新驱动发展战略的重要支撑，大学生是大众创业万众创新的生力军，支持大学生创新创业具有重要意义。加强创新创业教育，是推进高等教育综合改革、提高人才培养质量的重要举措，创新创业教育理念的建设，也是对高等教育提出的新的教育方向。当前，高校创新创业教育已经从尝试探索阶段发展到细化分层、多元发展的新阶段，但在发展中也面临一些亟待解决的问题，高校创新创业课程的实施和教学模式还存在一定不足。首先，在课程定位上，虽然国家一直强调创新创业课程的重要性，但高校在具体落实与学生的意识转变上短时间内难以扭转；而在课程实施上，存在教学形式单一、课程细分不充分、专业教师缺乏讲授技巧等问题；并且创新创业课程的内容与专业内容相结合已成为学界的共识,但现实中两者结合并不理想。为了更好地实现将教育体系改革立足于社会经济结构之上,有必要将双创教育与专业教育教学深度融合,为学生灌输一种正确的思想,通过敢于拼搏、乐于实践的精神引导,为学生树立一种不同以往的创新创业教育的理念,帮助学生在专业学习的过程中,形成对创新创业学习的初步认知,并为学生创新创业教育能力培养提供平台。

学科竞赛是在紧密结合课堂教学的基础上,选定竞赛题目及制定相关规则,在规定时间内以竞赛的方式,单独或团队协作来完成竞赛要求任务的活动学科竞赛在大学生创新创业能力培养中有着重要的作用。有效地开展学科竞赛能够提升学生的学习兴趣,实现理论与实践结合,能促进学生专业认同度提升,实现职业认同,提升就业创业能力。因此,以学科竞赛为抓手,有助于推进专业教师团队建设的有效性,在专业理论知识掌握中提升创新思维,有助于推进大学生专业实验能力的提升,在实验技能操作中提升创新兴趣和积淀创业的思维方式,从而使大学生以学科竞赛为契机,在潜移默化中提升自身的创新创业能力。为此,笔者结合多年学科竞赛教学指导经验,以信息类大学生学科竞赛为背景,针对目前学科竞赛与专业教育缺乏系统性、融合性,学生参与未实现全覆盖,部分授课教师不熟悉专业学科竞赛的规律及要求、教学资源匮乏等问题,探讨目前国内及省内信息类大学生主要学科竞赛的赛事特点、项目选题、策划、开发等内容,分析阐述成功案例,为实现普惠性学科竞赛的创新人才培养模式创造良好的基础。

目 录

第 1 章　程序设计基础课程设计实训 ⋯⋯⋯⋯⋯⋯⋯⋯⋯⋯⋯⋯⋯⋯⋯⋯ 1

  1.1　定位和教学目标 ⋯⋯⋯⋯⋯⋯⋯⋯⋯⋯⋯⋯⋯⋯⋯⋯⋯⋯⋯⋯⋯⋯ 1

  1.2　教学内容和要求 ⋯⋯⋯⋯⋯⋯⋯⋯⋯⋯⋯⋯⋯⋯⋯⋯⋯⋯⋯⋯⋯⋯ 1

  1.3　课程教学环节安排及要求 ⋯⋯⋯⋯⋯⋯⋯⋯⋯⋯⋯⋯⋯⋯⋯⋯⋯⋯ 12

  1.4　课程考核与成绩评定 ⋯⋯⋯⋯⋯⋯⋯⋯⋯⋯⋯⋯⋯⋯⋯⋯⋯⋯⋯⋯ 13

第 2 章　程序设计工程实训 ⋯⋯⋯⋯⋯⋯⋯⋯⋯⋯⋯⋯⋯⋯⋯⋯⋯⋯⋯⋯⋯ 14

  2.1　定位和教学目标 ⋯⋯⋯⋯⋯⋯⋯⋯⋯⋯⋯⋯⋯⋯⋯⋯⋯⋯⋯⋯⋯⋯ 14

  2.2　教学内容和要求 ⋯⋯⋯⋯⋯⋯⋯⋯⋯⋯⋯⋯⋯⋯⋯⋯⋯⋯⋯⋯⋯⋯ 15

  2.3　课程教学环节安排及要求 ⋯⋯⋯⋯⋯⋯⋯⋯⋯⋯⋯⋯⋯⋯⋯⋯⋯⋯ 29

  2.4　课程考核与成绩评定 ⋯⋯⋯⋯⋯⋯⋯⋯⋯⋯⋯⋯⋯⋯⋯⋯⋯⋯⋯⋯ 30

第 3 章　数据结构课程实训 ⋯⋯⋯⋯⋯⋯⋯⋯⋯⋯⋯⋯⋯⋯⋯⋯⋯⋯⋯⋯⋯ 31

  3.1　定位和教学目标 ⋯⋯⋯⋯⋯⋯⋯⋯⋯⋯⋯⋯⋯⋯⋯⋯⋯⋯⋯⋯⋯⋯ 31

  3.2　教学内容和要求 ⋯⋯⋯⋯⋯⋯⋯⋯⋯⋯⋯⋯⋯⋯⋯⋯⋯⋯⋯⋯⋯⋯ 32

  3.3　课程教学环节安排及要求 ⋯⋯⋯⋯⋯⋯⋯⋯⋯⋯⋯⋯⋯⋯⋯⋯⋯⋯ 44

  3.4　课程考核与成绩评定 ⋯⋯⋯⋯⋯⋯⋯⋯⋯⋯⋯⋯⋯⋯⋯⋯⋯⋯⋯⋯ 44

第4章 软件工程基础实训 Ⅰ ············· 46

- 4.1 定位和教学目标 ················· 46
- 4.2 教学要求 ······················· 46
- 4.3 教学内容 ······················· 48
- 4.4 实训题目讲解——仓库管理系统 ················· 58
- 4.5 实训题目讲解——院部图书管理系统 ············· 82

第5章 软件工程基础实训 Ⅱ ············ 100

- 5.1 定位和教学目标 ················ 100
- 5.2 教学内容 ······················ 100
- 5.3 主要技术解析 ·················· 102

第6章 信息类权威学科竞赛项目介绍 ···· 126

- 6.1 中国国际大学生创新大赛 ······· 126
- 6.2 "挑战杯"全国大学生课外学术科技作品竞赛 ····· 127
- 6.3 "挑战杯"中国大学生创业计划大赛 ··············· 127
- 6.4 国际大学生程序设计竞赛 ······· 128
- 6.5 中国大学生计算机设计大赛 ····· 128
- 6.6 "蓝桥杯"全国软件和信息技术专业人才大赛 ····· 129
- 6.7 全国大学生物联网设计竞赛 ····· 130
- 6.8 全国大学生计算机系统能力大赛 ················· 132
- 6.9 湖南省大学生程序设计竞赛 ····· 135
- 6.10 湖南省大学生物联网应用创新设计竞赛 ·········· 136

第7章 中国大学生计算机设计大赛 ······ 138

- 7.1 大赛概况 ······················ 138
- 7.2 大赛类别 ······················ 138

7.3 大赛评审规则 …………………………………………… 142

7.4 大赛优秀案例分析 ……………………………………… 142

第8章 国际大学生程序设计竞赛 …………………………… 154

8.1 中国区比赛概况 ………………………………………… 154

8.2 赛题解析 ………………………………………………… 155

第9章 "蓝桥杯"全国软件和信息技术专业人才大赛 ……… 161

9.1 竞赛规则说明（软件类个人赛）………………………… 161

9.2 竞赛规则说明（电子类个人赛）………………………… 165

9.3 备赛指导 ………………………………………………… 170

第10章 湖南省大学生程序设计大赛 ………………………… 180

10.1 应用开发类 ……………………………………………… 180

10.2 机器人类 ………………………………………………… 182

第 1 章　程序设计基础课程设计实训

1.1　定位和教学目标

"程序设计基础"是计算机相关专业的核心及必修课程，一般在第一学期开设，是学生接触的第一门程序设计类课程，也是诸多后续专业课程的基础，对于帮助学生建立正确的计算思维非常重要。程序设计基础课程设计是为理论学习设置的集中实践教学环节，通常在学生完成程序设计基础课程学习后开设。其定位是通过解决实际问题，培养学生综合运用结构化程序设计的基本理论、方法和相关数学知识，分析、解决实际应用问题的能力，锻炼学生使用现代软件开发工具的能力，为进一步学习后续课程和将来从事软件开发奠定良好基础。

1.2　教学内容和要求

1.2.1　课程内容

本课程设计主要通过验证型实验以提高学生的学习主动性和动手实践能力，教学内容分为：

(1) 基础练习题。

(2) 算法训练题。

(3) 算法提高题。

(4) 历届真题。

1.2.2 课程要求

1. 基础练习题(共 6 题)

(1) [BEGIN-04] 斐波那契数列。

斐波那契数列(Fibonacci sequence),又称黄金分割数列,因数学家莱昂纳多·斐波那契以兔子繁殖为例子而引入,故又称"兔子数列"。斐波那契数列的递推公式为:$F_n = F_{n-1} + F_{n-2}$,其中 $F_1 = F_2 = 1$。当 n 比较大时,F_n 也非常大,现在我们想知道,F_n 除以 10007 的余数是多少。($1 \leqslant n \leqslant 100000$)

解题思路(供参考):在本题中,答案是要求 F_n 除以 10007 的余数,因此只要能算出这个余数即可,直接计算余数往往比先算出原数再取余简单。

(2) [BASIC-1] 闰年判断。

给定一个年份,判断这一年是不是闰年。当以下情况之一满足时,这一年是闰年:年份是 4 的倍数而不是 100 的倍数;年份是 400 的倍数;其他的年份都不是闰年。($1990 \leqslant y \leqslant 2050$)

输入格式:一个整数 y,表示当前的年份。

输出格式:输出一行,如果给定的年份是闰年,则输出 yes,否则输出 no。

解题思路(供参考):题目内容和条件比较多,但是我们只需要抓住它的核心,判断年份是不是闰年就可以了,也就是只用判断输入年份与 4 的余数是否为零。

(3) [BASIC-4] 数列特征。

给出 n 个数,找出这 n 个数的最大值、最小值、和。($1 \leqslant n \leqslant 10000$)

输入格式:第一行为整数 n,表示数的个数。第二行为给定的 n 个数,每个数的绝对值都小于 10000。

输出格式:输出三行,每行一个整数。第一行表示这些数中的最大值,第二行表示这些数中的最小值,第三行表示这些数的和。

解题思路(供参考):本题难度较低,仅仅只是从数组中取出最大值、最小值、求和的基本操作。

(4) [BASIC-5] 查找整数。

给出一个包含 n 个整数的数列,问整数 a 在数列中的第一次出现是第几个。

输入格式:第一行包含一个整数 n。第二行包含 n 个非负整数,为给定的数列,数列中的每个数都不大于 10000。第三行包含一个整数 a,为待查找的数。($1 \leqslant n \leqslant 1000$)

输出格式:如果 a 在数列中出现了,输出它第一次出现的位置(位置从 1 开始编号),否则输出 -1。

解题思路(供参考):可以用数组存储下读入的数据,再遍历该数组。

(5) [BASIC-6] 杨辉三角形。

杨辉三角形又称帕斯卡三角形、贾宪三角形、海亚姆三角形,首现于南宋杨辉的《详解九章算法》得名。它的一个重要性质是:三角形中的每个数字等于它两肩上的数字相加。下面给出了杨辉三角形的前 4 行:

$$
\begin{array}{c}
1 \\
1 \ 1 \\
1 \ 2 \ 1 \\
1 \ 3 \ 3 \ 1
\end{array}
$$

给出 n,输出它的前 n 行。

输入格式:一个整数 n。($1 \leqslant n \leqslant 34$)

输出格式:输出杨辉三角形的前 n 行。每一行从这一行的第一个数开始依次输出,中间使用一个空格分隔。请不要在前面输出多余的空格。

解题思路(供参考):认真观察后可发现杨辉三角形的规律为中间位置的数字是由它上一行对应位置的数字以及上一行对应位置左侧的数字相加得到;因为下一行的情况总需要由上一行的情况推出,即需要记录每一行的结果,构建

杨辉三角本质上是一个动态规划问题,可以总结出如下推导式:

$$dp[i][j] = dp[i-1][j-1] + dp[i-1][j]$$

其中,$dp[i][j]$ 表示第 i 行的第 j 个数。

另外,算法输出还需要考虑让杨辉三角形居中显示。

(6)[BASIC-13] 数列排序。

给定一个长度为 n 的数列,将这个数列按从小到大的顺序排列。($1 \leqslant n \leqslant 200$)

输入格式:第一行为一个整数 n。

第二行包含 n 个整数,为待排序的数,每个整数的绝对值小于 10000。

输出格式:输出一行,按从小到大的顺序输出排序后的数列。

解题思路(供参考):可以使用排序函数辅助完成。

2. 算法训练题(共 12 题)

(1)[ALGO-955] P0701。

编写一个函数 RegularPlural,其功能是实现一个英文单词的复数形式。复数的规则为:

1)如果单词末尾为 s,x,z,ch 或 sh,则在后面加 es。

2)如果单词末尾为 y,且前一个字母为辅音(除 a,e,i,o,u 以外的其他情况),则把 y 改成 ies。

3)如果是其他情形,一律在后面加 s。

编写测试程序,输入一个长度小于 20 的单词,输出该单词的复数形式。

解题思路(供参考):略。

(2)[ALGO-956] P0702。

编写一个字符串比较函数 my_strcmp,实现:如果 $s_1 = s_2$,则返回 0;否则返回 s_1 与 s_2 第一个不同字符的差值(如果 $s_1 < s_2$,该差值是一个负数;如果 $s_1 > s_2$,该差值是一个正数)。

编写测试程序,输入两个长度小于 1000 的字符串(可能包含有空格,且长度不一定相等),然后调用 my_strcmp 函数来进行比较,并输出返回结果。

解题思路(供参考):此题函数功能是 strcmp 函数的升级版,可先探讨完成 strcmp 函数的功能,再完成本题。

(3) [ALGO-957] P0703。

一个整数的反置数指的是把该整数的每一位数字的顺序颠倒过来所得到的另一个整数。如果一个整数的末尾是以 0 结尾,那么在它的反置数当中,这些 0 就被省略掉了。比如说,1245 的反置数 5421,而 1200 的反置数是 21。请编写一个程序,输入两个整数,然后计算这两个整数的反置数之和 sum,然后再把 sum 的反置数打印出来。

解题思路(供参考):本题需要多次计算一个整数的反置数,因此必须把这部分代码抽象为一个函数的形式,利用数组暂存每一位的数值,做好去 0 工作和转换。

(4) [ALGO-958] P0704。

一个数如果从左往右读和从右往左读数字是完全相同的,则称这个数为回文数,比如 898,1221,15651 都是回文数。编写一个程序,输入两个整数 min 和 max,然后对于 min 至 max 之间的每一个整数(包括 min 和 max),如果它既是一个回文数又是一个质数,那么就把它打印出来。要求,回文数和质数的判断都必须用函数的形式来实现。

解题思路(供参考):回文数比质数少因此可以先找回文数再判断是否为质数。

(5) [ALGO-941] P0601。

编写一个程序,先输入一个字符串 str(长度不超过 20),再输入单独的一个字符 ch,然后程序会把字符串 str 当中出现的所有的 ch 字符都删掉,从而得到一个新的字符串 str2,然后把这个字符串打印出来。

解题思路(供参考):略。

(6) [ALGO-142] P1103 复数运算。

编程实现两个复数的运算。需要定义一个结构体类型来描述复数,复数之间的加法、减法、乘法和除法分别用不同的函数来实现,满足以下复数的四则运算法则:

(1) $(a+bi)+(c+di)=(a+c)+(b+d)i$

(2) $(a+bi)-(c+di)=(a-c)+(b-d)i$

(3) $(a+bi)(c+di)=(ac-bd)+(bc+ad)i$

(4) $(a+bi)\div(c+di)=\dfrac{ac+bd}{c_2+d_2}+\dfrac{bc-ad}{c_2+d_2}i(c+di\neq 0)$

解题思路(供参考)：本题主要考察结构体和结构体指针的应用，把两个要进行运算的复数放到两个相同结构体里，再用一个结构体存储运算结果，不同的是在传入函数时储存结果的结构体传入的是地址，在函数中用指针运算。

(7) [ALGO-79]删除数组零元素。

从键盘读入 n 个整数放入数组中，编写函数 CompactIntegers，删除数组中所有值为 0 的元素，其后元素向数组首端移动。注意，CompactIntegers 函数需要接受数组及其元素个数作为参数，函数返回值应为删除操作执行后数组的新元素个数。输出删除后数组中元素的个数并依次输出数组元素。

解题思路(供参考)：本题规定了子函数的返回值、函数名、参数以及具体操作，剩下的就是去定义这个函数并且写操作的具体代码了。注意要求删除数组中 0 元素，其后元素向数组首端移动。因此，下一次判断的时候，数组长度要减 1，循环索引 i 也要减 1。因为 0 元素的下一个元素前移了，如果 i 不减 1，继续++循环，会导致 0 元素的下一个元素没有检索到，如果下一位依然是 0，就会导致错误。

(8) [ALGO-467]大整数加法。

任意输入两个正整数 a,b，求两数之和。(注：本题会输入超过 32 位整数限制的大整数)建议使用字符数组实现。

解题思路(供参考)：编写大整数类结构，可以使用数组存储所有操作数，定义数组大小 200。大整数加法的思路，就是竖式计算，逐项相加。

(9) [ALGO-53]最小乘积(基本型)。

给两组数，各 n 个。请调整每组数的排列顺序，使得两组数据相同下标元素对应相乘，然后相加的和最小。要求程序输出这个最小值。

例如两组数分别为:1、3、-5和-2、4、1那么对应乘积取和的最小值应为:
(-5)*4+3*(-2)+1*1=-25

解题思路(供参考):两组数最小的和最大的相乘,得到的总和就是最小的,数据不分正负号,一个按从小到大排序,一个按从大到小排序,从头开始是一个最大的乘以一个最小的,把所有的乘积加起来便得到的最小的乘积和。

(10) [ALGO-561]矩阵运算。

给定一个 $n*n$ 的矩阵 A,求 $A+A^T$ 的值。其中 A^T 表示 A 的转置。

输入格式:输入的第一行包含一个整数 n。$1 \leqslant n \leqslant 100$。接下来 n 行,每行 n 个整数,表示 A 中的每一个元素。每个元素的绝对值不超过10000。

输出格式:输出 n 行,每行 n 个整数,用空格分隔,表示所示的答案。

解题思路(供参考):转置矩阵与原矩阵的区别在于行列交换,矩阵的转置主要考查循环的使用。可以构建一个二维数组完成对原矩阵的存储,然后将每个元素与其行列相反的位置处的元素进行交换,通过简单的循环结构,完成矩阵的转置。

(11) [ALGO-551]百鸡百钱。

我国古代数学家张丘建在《算经》一书中提出的数学问题:鸡翁一值钱五,鸡母一值钱三,鸡雏三值钱一。百钱买百鸡,问鸡翁、鸡母、鸡雏各几何?

输入格式:测试数据有多组,处理到文件尾。每组测试输入一个整数 n ($100 \leqslant n \leqslant 1000$)。

输出格式:对于每组测试,按鸡翁、鸡母、鸡雏的数量(按鸡翁数从小到大的顺序)逐行输出各种买法(每行数据之间空一个空格)。

解题思路(供参考):百钱买百鸡的问题是经典的不定方程问题。首先,最简单的思路是采用暴力枚举,逐一列出可能解集合中的元素,并进行验证。但是采用这种解法,算法将嵌套三重循环,算法复杂度为 $O(n^3)$,算法性能太低,因此需要加强约束条件,缩小可能解的集合的规模。例如,想办法直接去掉一重循环,很明显鸡翁数量最大值为 20 只,而鸡母数量最大值为 33 只,因此利用枚举有穷性的特点,通过两个最大量来限制遍历范围,也可以有效提升算法效率。

(12) [ALGO-538]数据传递加密。

某个公司传递数据,数据是四位整数,在传递过程中需要进行加密,加密规则如下:每位数字都加上 5,然后除以 10 的余数代替该位数字。再将新生成数据的第一位和第四位交换,第二位和第三位交换。要求输入 4 位整数,输出加密后的 4 位整数。比如:输入一个四位整数 1234,则输出加密结果为 9876。

输入格式:输入一个四位整数。

输出格式:输出一个四位整数。

解题思路(供参考):可以先将所输入的数拆分成单个数字,然后每个数字加上 5 对 10 取余,再交换 1 和 3,2 和 3 的位置即可。

3. 算法提高题(共 4 题)

(1) [ADV-1082] 心形。

根据给出的最大宽度,输出心形(注意空格,行末不加多余空格)。

输入格式:一行一个整数 width,表示最宽的一行中有多少个"*"。

输出格式:若干行表示对应心型。

解题思路(供参考):略。

(2) [ADV-658]字符串查找。

给定两个字符串 a 和 b,查找 b 在 a 中第一次出现的位置。

如 a="hello world",b="world"时,b 第一次出现是在 a 的第 7 个字符到第 11 个字符,按照 C++的习惯,位置从 0 开始编号,所以 b 在 a 中第一次出现的位置为 6。

解题思路(供参考):字符串查找问题可以通过暴力匹配、KMP 算法、Boyer-Moore 算法等多种方法解决。其中,暴力匹配是最简单的方法,但时间复杂度为 $O(n*m)$,其中 n 和 m 分别为 s 和 t 的长度,当 s 和 t 的长度较大,暴力匹配可能会超时。KMP 算法和 Boyer-Moore 算法都是常用的高效字符串匹配算法,它们的时间复杂度分别为 $O(n+m)$ 和 $O(n)$,其中 n 和 m 仍然分别为 s 和 t 的长度。

(3) [ADV-789]校门外的树。

某校大门外长度为 L 的马路上有一排树,每两棵相邻的树之间的间隔都是 1 m。我们可以把马路看成一个数轴,马路的一端在数轴 0 的位置,另一端在 L 的位置;数轴上的每个整数点,即 $0,1,2,\cdots,L$,都种有一棵树。

由于马路上有一些区域要用来建地铁,这些区域用它们在数轴上的起始点和终止点表示。已知任一区域的起始点和终止点的坐标都是整数,区域之间可能有重合的部分。现在要把这些区域中的树(包括区域端点处的两棵树)移走。你的任务是计算将这些树都移走后,马路上还有多少棵树。

输入格式:第一行有两个整数 $L(1 \leqslant L \leqslant 10000)$ 和 $M(1 \leqslant M \leqslant 100)$,$L$ 代表马路的长度,M 代表区域的数目,L 和 M 之间用一个空格隔开。接下来的 M 行每行包含两个不同的整数,用一个空格隔开,表示一个区域的起始点和终止点的坐标。对于 20% 的数据,区域之间没有重合的部分;对于其他的数据,区域之间有重合的情况。

输出格式:包括一行,这一行只包含一个整数,表示马路上剩余的树的数目。

解题思路(供参考):可以采用暴力算法,用一个数组遍历每一个区间,访问过的槽号设置为 true(最初所有槽号是 false),这样遍历完每一个区间,就会得到需要砍去的树的位置,最后就能得到还剩多少棵树,时间复杂度为 $O(m*n)$。也可以使用区间合并算法,时间复杂度为 $O(n\log n)$。

(4) [ADV-100]第二大整数。

编写一个程序,读入一组整数(不超过 20 个),当用户输入 0 时,表示输入结束。然后程序将从这组整数中,把第二大的那个整数找出来,并把它打印出来。说明:

1) 0 表示输入结束,它本身并不计入这组整数中。

2) 在这组整数中,既有正数,也可能有负数。

3) 这组整数的个数不少于 2 个。

输入格式:输入只有一行,包括若干个整数,中间用空格隔开,最后一个整数为 0。

输出格式:输出第二大的那个整数。

解题思路(供参考):略。

4.历届真题(共 3 题)

(1)[PREV-151]四平方和。

四平方和定理,又称为拉格朗日定理:每个正整数都可以表示为至多 4 个正整数的平方和。如果把 0 包括进去,就正好可以表示为 4 个数的平方和。

比如:

5＝0^2+0^2+1^2+2^2

7＝1^2+1^2+1^2+2^2

(^符号表示乘方的意思)

对于一个给定的正整数,可能存在多种平方和的表示法。要求你对 4 个数排序:$0 \leqslant a \leqslant b \leqslant c \leqslant d$,并对所有的可能表示法按 a, b, c, d 为联合主键升序排列,最后输出第一个表示法。

输入格式:输入存在多组测试数据,每组测试数据输入一行为一个正整数 N。($N < 5000000$)

输出格式:对于每组测试数据,要求输出 4 个非负整数,按从小到大排序,中间用空格分开。

解题思路(供参考):可以根据题目要求,建立四个枚举循环,每两个循环中都进行一次保存,最后通过平方和比较记录结果,但是四层循环显然会超时,可以优化为两层循环。先求出两层循环在 N 的范围内能表示的平方值,值取小的那个,如果 $a[N-ii-jj]$ 的值不为初始值 -1 则表示有解。

(2)[PREV-286]错误票据。

某涉密单位下发了某种票据,并要在年终全部收回。每张票据有唯一的 ID 号。全年所有票据的 ID 号是连续的,但 ID 的开始数码是随机选定的。因为工作人员疏忽,在录入 ID 号的时候发生了一处错误,造成了某个 ID 断号,另外一个 ID 重号。你的任务是通过编程,找出断号的 ID 和重号的 ID。假设断号不可能发生在最大和最小号。

输入格式：要求程序首先输入一个整数 $N(N<100)$ 表示后面数据行数。接着读入 N 行数据。每行数据长度不等，是用空格分开的若干个（不大于100个）正整数（不大于100000），请注意行内和行末可能有多余的空格，你的程序需要能处理这些空格。每个整数代表一个 ID 号。

输出格式：要求程序输出 1 行，含两个整数 m n，用空格分隔。其中，m 表示断号 ID，n 表示重号 ID。

解题思路（供参考）：可以使用 Sort 方法，建立一个数组，将输入的数据全部存在这个数组中，然后将整体数组进行排序，再对已经排好序的数组进行遍历，找出断号和重号，复杂度为 $O(n\log n)$。

还可以使用哈希法，建立一个初值全部为 0 的哈希数组，输入的数据作为数组的索引，将对应的值＋1，遍历数组，值为 0 的就是断号，为 2 的就是重号，时间复杂度为 $O(n)$，比 Sort 排序快一些。

(3)［PREV-343］密码发生器。

把一串拼音字母转换为 6 位数字（密码）。可以使用任何好记的拼音串（比如名字，王喜明，就写：wangximing)作为输入，程序输出 6 位数字。变换的过程如下：

第一步：把字符串 6 个一组折叠起来，比如 wangximing 则变为：

　　wangxi

　　ming

第二步：把所有垂直在同一个位置的字符的 ASCII 码值相加，得出 6 个数字，如上面的例子，则得出：

　　228 202 220 206 120 105

第三步：再把每个数字"缩位"处理：就是把每个位的数字相加，得出的数字如果不是一位数字就再缩位，直到变成一位数字为止。

例如：$228 \geqslant 2+2+8=12 \geqslant 1+2=3$。数字缩位后变为：344836，这就是程序最终的输出结果。

输入格式：第一行是一个整数 $n(<100)$，表示下边有多少输入行，接下来是 n 行字符串，就是等待变换的字符串。

输出格式：n 行变换后的 6 位密码。

解题思路(供参考)：这道题目的考点在于 ASCII 码相加和"缩位"。

具体处理时，先判断 6 个一组，看一下有多少组。然后把每个位置垂直的字符转换成整形相加，保存在 b 数组。因为字符串小于 100，100 除以 6 最多等于 17，也就是最大 17 组，17 在乘以最大的整形(123)等于 2091 也就是最大有 4 位，用数组 c 保存。

1.3 课程教学环节安排及要求

程序设计基础课程设计教学环节按照教学大纲安排，共分以下几个环节：

(1) 课程设计任务布置与讲解。

(2) 课堂实践。

(3) 中期检查。教师对学生中期完成情况进行检查，发现进度问题和设计问题及时提醒，督促学生按进度计划进行。

(4) 课程设计考核、答辩、设计结果提交。课程设计采用"任务完成情况＋文档考查＋现场编程考核"的方式予以验收。

各教学环节课时安排参见表：

表 1.1 教学环节课时安排表

序号	课程内容	学时分配/节
1	任务布置与讲解	2
2	基础练习	2
3	算法训练	6
4	算法提高	4
5	历届真题	2
6	答辩考核	4
合计/节		20

1.4 课程考核与成绩评定

根据学生在课程设计期间的表现(含出勤率、理论准备、算法设计、实现及调试过程中解决问题的能力、调试及答辩结果、课程设计报告)进行综合考核,考核成绩分为优秀、良好、中等、合格和不合格。

答辩时,由课程组设计一套原创编程考核试题,布置在指定的在线评测系统。学生在规定时间内,在评测系统中编写程序来解题,在线评测系统还能提供查重功能,有效防止抄袭,展现学生通过课程学习后的真实水平。

第 2 章　程序设计工程实训

2.1　定位和教学目标

　　为了更好地帮助学生将程序设计的基本理论、方法与技术和实际问题结合，通过算法基础练习、算法提高练习以及真题演练，使学生从更高层面理解结构化程序设计的思想和方法，掌握结构化编程技术和技巧，培养学生实践能力，有必要在完成程序设计基础课程和程序设计基础课程设计学习后，再进一步强化学生的相关实践能力。"程序设计工程实训"课程是为理论学习设置的实践教学环节，其定位是通过实践，训练学生思考问题的能力，培养学生综合运用结构化程序设计的基本理论、方法和相关数学知识分析、解决实际应用问题的能力，锻炼学生使用现代软件开发工具的能力，为进一步学习后续课程奠定良好基础。

2.2 教学内容和要求

2.2.1 课程内容

本课程设计主要通过验证型实验内容以提高学生的学习主动性和动手实践能力,教学内容分为:

(1) 算法必做题。

(2) 算法提高题。

(3) 历届真题。

注:本章历届真题可参考后续章节内容。

2.2.2 课程要求

1. 算法必做题(共 15 题)

(1) [ADV-374]水仙花数。

求出所有的"水仙花数"。所谓的"水仙花数",是指一个 3 位数,其各位数字的立方和等于该数本身。

输入格式:程序使用 for 循环遍历所有 3 位数整数,不需要手动输入。

输出格式:每行输出一个水仙花数,有多少个水仙花数,就输出多少行。

解题思路(供参考):本题首先要解决的问题是如何获取个位、十位、百位上的数。同时利用多重循环求解所有的水仙花数。

(2) [ADV-371] 计数问题。

试计算在区间 1 到 N 的所有整数中,数字 $x(0 \leqslant x \leqslant 9)$ 共出现了多少次?例如,在 1 到 11 中,即在 1、2、3、4、5、6、7、8、9、10、11 中,数字 1 出现了 4 次。

输入格式:输入共 1 行,包含两个整数"$n\ x$",之间用一个空格隔开。

输出格式：输出共 1 行，包含一个整数，表示 x 出现的次数。

解题思路(供参考)：搜索遍历 1 到 n 的数组；然后判断方法，将数 long long 的 i 转化成 string，然后遍历 string 型 i 的每个字符，并依次和 x 对照。

(3) [ADV-360] 高精度减法。

输入格式：两行，表示两个非负整数 a 和 b，且有 $a>b$。

输出格式：一行，表示 a 与 b 的差。

解题思路(供参考)：高精度减法常常用于解决数值巨大的数之间的计算，在两数相减时，始终保持用绝对值大的数去减绝对值小的数以便计算简单，对符号位稍做处理。

(4) [ADV-359] 分解质因数。

问题描述：

给定一个正整数 N，尝试对其分解质因数。

输入格式：仅一行，一个正整数 N，表示待分解的质因数。

输出格式：仅一行，从小到大依次输出其质因数，相邻的数用空格隔开样例输入。

解题思路(供参考)：本题要注意时间限制，每次循环判断质因数之后，再判断一下 n 是不是质数，如果是就直接输出，这样解决了运行超时的问题。

(5) [ADV-357] 字母大小写转换。

从键盘输入一个字符，如果是大写字母(A—Z)，就转换成小写；如果是小写字母(a—z)，就转换成大写，如果是其他字符原样保持并将结果输出。

输入格式：输入一行，包含一个字符。

输出格式：输出一行，即按照要求输出的字符。

解题思路(供参考)：略。

(6) [ADV-356] 字符串的操作。

给出一个字符串 S，然后给出 q 条指令，分别有 4 种：

1) Append str。

表示在 S 的最后追加一个字符串 str。

例：原字符串 ABCDE，执行 Append FGHIJ 后，字符串变为 ABCDEF-

GHIJ。

2) Insert x str。

表示在位置 x 处插入一个字符串 str。(输入保证 $0<x\leqslant$ 当前字符串长度)

例:原字符串 ABCGHIJ,执行 Insert 4 DEF 后,字符串变为 ABCDEFGHIJ。

3) Swap $a\ b\ c\ d$。

表示交换从第 a 位到第 b 位的字符串与从第 c 位到第 d 位的字符串。(输入保证 $0<a<b<c<d\leqslant$ 当前字符串长度)

例:原字符串 ABGHIFCDEJ,执行 Swap 3 5 7 9 后,字符串变为 ABCDEFGHIJ。

4) Reverse $a\ b$。

表示将从第 a 位到第 b 位的字符串反转。(输入保证 $0<a<b\leqslant$ 当前字符串长度)。

例:原字符串 ABGFEDCHIJ,执行 Reverse 3 7 后,字符串变为 ABCDEFGHIJ,最后输出按顺序执行完指令后的字符串。

输入格式:输入第一行包含字符串 S,第二行包含一个整数 q,接下来 q 行分别为 q 个指令。

输出格式:输出为一行,为按顺序执行完输入指令后的字符串。

解题思路(供参考): 略。

(7) [ADV-354] 质数。

给定一个正整数 N,请你输出 N 以内(不包含 N)的质数以及质数的个数。

输入格式:输入一行,包含一个正整数 N。

输出格式:共两行。第一行包含若干个素数,每两个素数之间用一个空格隔开,素数从小到大输出。第二行包含一个整数,表示 N 以内质数的个数。

解题思路(供参考): 有若干种方法可以解决本题。最简单的就是暴力枚举,可以设定一个数为 x,根据质数的定义判断 x 是否为质数,看它能否被 $2、3、4、\cdots、x-1$ 整除,如果它不能被其中任何一个整数整除,则这个数就是质数。

在该方法的基础上,考虑到所有的偶数都不可能是质数,因此可以通过改变自增值,避开对偶数的判断,但是该方法并不能改变算法的数量级。其他改进优化方法,可以通过巧用数组或者是巧用平方根方法。

(8) [ADV-290] 成绩排序。

给出 n 个学生的成绩,将这些学生按成绩排序,排序规则,优先考虑数学成绩,高的在前;数学相同,英语高的在前;数学英语都相同,语文高的在前;三门都相同,学号小的在前。

输入格式:第一行一个正整数 N,表示学生人数。接下来 N 行每行 3 个 0~100 的整数,第 i 行表示学号为 i 的学生的数学、英语、语文成绩。

输出格式:输出 N 行,每行表示一个学生的数学成绩、英语成绩、语文成绩、学号,按排序后的顺序输出。

解题思路(供参考):本题主要考查自定义结构体排序。

(9) [ADV-297] 快速排序。

用递归来实现快速排序(Quick sort)算法。

输入格式:输入只有一行,包括若干个整数(不超过 10 个),以 0 结尾。

输出格式:输出只有一行,即排序以后的结果(不包括末尾的 0)。

解题思路(供参考):本题本质上是一道快速排序题,快速排序算法的基本思路是假设要对一个数组 A 进行排序,且 $A[0]=x$。首先对数组中的元素进行调整,使 x 放在正确的位置上。同时,所有比 x 小的数都位于它的左边,所有比 x 大的数都位于它的右边。然后对于左、右两段区域,递归地调用快速排序算法来进行排序。

(10) [ADV-288] 成绩排名。

小明刚经过了一次数学考试,老师由于忙碌忘记排名了,于是老师把这个光荣的任务交给了小明,小明则找到了聪明的你,希望你能帮他解决这个问题。

输入格式:第一行包含一个正整数 N,表示有个人参加了考试。接下来 N 行,每行有一个字符串和一个正整数,分别表示人名和对应的成绩,用一个空格分隔。

输出格式：输出一共有 N 行，每行一个字符串，第 i 行的字符串表示成绩从高到低排在第 i 位的人的名字，若分数一样则按人名的字典序从小到大。

解题思路(供参考)：此题只需要将学生的名字和成绩用一个结构体存起来，然后用一个三目条件运算符进行以下比较：

1) 如果两个学生成绩不同，则按从高到低排。

2) 如果两个学生成绩相同，则按人名的字典序顺序从小到大排。

3) 最后输出排好序的学生姓名。

(11)［ADV-284］GPA。

输入 A，B 两人的学分获取情况，输出两人 GPA 之差。

输入格式：输入的第一行包含一个整数 n 表示 A 的课程数，以下 n 行每行 S_i，C_i 分别表示第 i 个课程的学分与 A 的表现。

$$GPA = \sum(S_i + C_i)/\sum S_i$$

特殊地，如果 C_i 是"P"或者"N"（对应于通过与不通过），则第 i 个课程不记入 GPA 的计算（即当其不存在）。A 读入结束后读入 B，B 的输入格式与 A 相同。保证两人的 $\sum S_i$ 非零。

输出格式：输出 A 的 GPA 和 B 的 GPA 之差，保留 2 位小数（四舍五入）。

Tips：当 A 和 B 的分数相近时输出 0.00。

解题思路(供参考)：略。

(12)［ADV-313］字符串顺序比较。

比较两个字符串 s_1 和 s_2，输出 0 表示 s_1 与 s_2 相等；1 表示 s_1 的字母序先于 s_2；-1 表示 s_1 的字母序后于 s_2。

输入格式：输入两行，第一行输入一个字符串 s_1，第二行输入字符串 s_2。

输出格式：输出比较的结果。

解题思路(供参考)：在 C 语言中比较两个字符串内容是否相等，通常使用 strcmp() 函数来比较。字符串比较使用 strcmp() 无法优化，如果使用字符指针数组存储每个字符串的地址，排序时交换指针性能更好。

(13) [ADV-305] 输出二进制表示。

输入[-128,127]内的整数,输出其二进制表示。提示:可使用按位与 &。

输入格式:一个整数。

输出格式:对应的二进制表示。

解题思路(供参考):负数的二进制是其相反数的补码形式。这种方法下,不用关心负数的二进制怎么表示,都是01码,从左侧最高位开始,对其右移 i 位,与1,便可得到该位的数字,按顺序输出即可。

(14) [ADV-304] 矩阵转置。

给定一个 $n \times m$ 矩阵相乘,求它的转置。其中 $1 \leqslant n \leqslant 20, 1 \leqslant m \leqslant 20$,矩阵中的每个元素都在整数类型(4字节)的表示范围内。

输入格式:第一行两个整数 n 和 m。第二行起,每行 m 个整数,共 n 行,表示 $n \times m$ 的矩阵。数据之间都用一个空格分隔。

输出格式:共 m 行,每行 n 个整数,数据间用一个空格分隔,表示转置后的矩阵。

解题思路(供参考):本题主要使用循环解决问题。

(15) [ADV-303] 数组求和。

输入 n 个数,围成一圈,求连续 $m(m<n)$ 个数的和最大为多少?

输入格式:输入的第一行包含两个整数 n,m。第二行,共 n 个整数。

输出格式:输出1行,包含一个整数。连续 m 个数之和的最大值。

解题思路(供参考):略。

2. 算法提高题(共20题)

(1) [ADV-364] 天天向上。

A同学的学习成绩十分不稳定,老师对他说"只要你有4天成绩是递增的,我就奖励你一朵小红花。"即只要对于第 i,j,k,l 四天,满足 $i<j<k<l$ 并且对于成绩 $w_i<w_j<w_k<w_l$,那么就可以得到一朵小红花的奖励。现让你求出,A同学可以得到多少朵小红花。

输入格式:第一行一个整数 n,表示总共有 n 天。第二行 n 个数,表示每天

的成绩 w_i。

输出格式：一个数，表示总共可以得到多少朵小红花。

解题思路(供参考)：略。

(2)［ADV-363］欧拉函数。

对于一个正整数 n,n 的欧拉函数 $\phi(n)$，表示小于等于 n 且与 n 互质的正整数的个数。老师出了一道难题，小酱不会做，请你编个程序帮帮他，从 1～n 中有多少个数与 n 互质？

解题思路(供参考)：略。

(3)［ADV-362］计算超阶乘。

计算 $1*(1+k)*(1+2*k)*(1+3*k)*\cdots*(1+n*k-k)$ 的末尾有多少个 0，最后一位非 0 位是多少。

输入格式：输入一行，包含两个整数 n,k。

输出格式：输出两行，每行一个整数，分别表示末尾 0 的个数和最后一个非 0 位。

解题思路(供参考)：由于超阶乘的结果很大，因此不能求出结果之后再去求末尾 0 的个数和最后一个非 0 位。可以对中间结果末尾的 0 进行计数 1，同时去除末尾 0，取余再进行计算，依次循环，求得最后的答案。

(4)［ADV-358］不重叠的线段。

给出在数轴上的 n 条线段的左右端点的坐标 l,r 和它们的价值 v，请你选出若干条没有公共点的线段(端点重合也算有公共点)，使得它们的价值和最大，输出最大价值和。

输入格式：第 1 行：一个数 n，线段的数量($2 \leqslant n \leqslant 10000$)。第 2－$n$+1 行：每行两个数，线段的起点 s 和终点 $e(-10^9 \leqslant s,e \leqslant 10^9)$。

输出格式：输出最多可以选择的线段数量。

解题思路(供参考)：要选择最多的线段数量，按照线段的起点、终点进行排序后，从头到尾进行选择即可。

(5)［ADV-353］高精度乘法。

计算机不能计算大于 $10^{\sim}65-1$ 的 $a*b$，请你帮它过关。

输入格式：共两行。第一行输入一个整数 a。第二行输入一个整数 b。

输出格式：共一行，一个表示 $a*b$ 的整数。

解题思路(供参考)：与加减不同的地方，乘除法是用一个数的某一位乘或除另一个数的所有位，可以用双重循环实现。

(6) [ADV-336] 字符串匹配。

给出一个字符串和多行文字，在这些文字中找到字符串出现的那些行。你的程序还需支持大小写敏感选项，当选项打开时，表示同一个字母的大写和小写看作不同的字符；当选项关闭时，表示同一个字母的大写和小写看作相同的字符。

输入格式：输入的第一行包含一个字符串 S，由大小写英文字母组成。第二行包含一个数字，表示大小写敏感的选项，当数字为 0 时表示大小写不敏感，当数字为 1 时表示大小写敏感。第三行包含一个整数 n，表示给出的文字的行数。接下来 n 行，每行包含一个字符串，字符串由大小写英文字母组成，不含空格和其他字符。

输出格式：输出多行，每行包含一个字符串，按出现的顺序依次给出那些包含了字符串 S 的行。

解题思路(供参考)：本题有若干解法。最简单的是朴素的串匹配算法，即暴力破解方法。设 t 是目标串(母串)，p 是模式串(待匹配串)，i,j 分别指向模式串和目标串，m,n 分别是模式串 p 和目标串 t 的长度。

1) 从目标串的第 0 个字符，挨个进行比较，遇到不相等的字符就停止。

2) 模式串与目标串的下一个字符进行比较，重复上一个步骤。

3) 一个一个字符遍历目标串直到找到为止。

暴力匹配没有利用前面已经比较过的字符串信息，最坏的情况下，每一次都进行比较，最后一趟才匹配上，共 $n-m+1$ 次，每次模式串都需要匹配 m 次，故这个算法的时间复杂度为：$O(m*n)$。

相比暴力算法，KMP 算法是一个高效的串匹配算法，该算法主要优化了朴素算法里把模式串里的字符看做单独随机字符的做法。该方法设置了一个 $next$ 数组，$next[j]$ 的含义为：如果匹配串 p 在 j 处失配，那么令 $j=next[j]$，从

$next[j]$处继续匹配,模式串 s 的 i 保持不动。还可以理解为对于 j 之前的子串 $p[0\sim j-1]$,其后缀串与前缀串相同的最大长度为 $next[j]$。

1) 每一次比较之后,找到不同的元素。

2) 通过 $next$ 数组找到模式串下一次匹配的字符下标。

3) 构造 $next$ 数组。

(7) [ADV-308] 递归输出。

编写递归函数,将组成整数的所有数字逐个输出,每个数字后面加上一个减号"-",例如对于整数123,该函数将输出 1-2-3-。编写主函数测试该递归函数。

输入格式:输入一个整数 n。

输出格式:如题目要求,把 n 的每个数字后面加一个减号"-"输出。

解题思路(供参考):本题须使用递归方法来解决。递归的基本思想就是把规模大的问题转化为规模小的相似的子问题来解决。递归的三要素包括:明确递归终止条件;给出递归终止时的处理方法;提取重复的逻辑,缩小问题规模。

(8) [ADV-301] 字符串压缩。

编写一个程序,输入一个字符串,然后采用如下的规则对该字符串当中的每一个字符进行压缩:

1) 如果该字符是空格,则保留该字符。

2) 如果该字符是第一次出现或第三次出现或第六次出现,则保留该字符。

3) 否则,删除该字符。

例如,若用户输入"occurrence",经过压缩后,字符 c 的第二次出现被删除,第一和第三次出现仍保留;字符 r 和 e 的第二次出现均被删除,因此最后的结果为"ocurenc"。

输入格式:输入只有一行,即原始字符串。

输出格式:输出只有一行,即经过压缩以后的字符串。

解题思路(供参考):本题要使用循环的思想,在实现时,要注意遍历的方法。

(9)［ADV-296］奥运会开幕式。

学校给高一(三)班分配了一个名额,去参加奥运会的开幕式。每个人都争着要去,可是名额只有一个,怎么办? 班长想出了一个办法,让班上的所有同学(共有 n 个同学)围成一圈,按照顺时针方向进行编号。然后随便选定一个数 m,并且从 1 号同学开始按照顺时针方向依次报数,$1,2,\cdots,m$,凡报到 m 的同学,都要主动退出圈子。然后不停地按顺时针方向逐一让报出 m 者出圈,最后剩下的那个人就是去参加开幕式的人。

要求用环形链表的方法来求解。所谓环形链表,即对于链表尾结点,其 next 指针又指向了链表的首结点。基本思路是先创建一个环形链表,模拟众同学围成一圈的情形。然后进入循环淘汰环节,模拟从 1 到 m 报数,每次让一位同学(结点)退出圈子。

输入格式:输入只有一行,包括两个整数 n 和 m,其中 n 和 m 的含义如上所述。

输出格式:输出只有一个整数,即参加开幕式的那个人的编号。

解题思路(供参考):本题是一道典型的约瑟夫问题。约瑟夫问题是个著名的问题:n 个人围成一圈,第一个人从 1 开始报数,报 m 的人将退出圈子,下一个人接着从 1 开始报。如此反复,最后剩下一个,求最后的胜利者。本题要求依次筛选出对应号码的学生,留至最后的即为获胜者。

(10)［ADV-289］"双十一"抢购。

一年一度的"双十一"又来了,某网购网站又开始了半价销售的活动。

小 G 打算在今年的"双十一"里购物,她已经列好了她想买的物品的列表,她网银里的钱是一个有限的整数 S(单位:元)。这次抢购她打算遵循这三个原则选择每一个物品:

1) 先买能"赚"得最多的。

2) 在"赚"一样多的情况下,先买最便宜的(这样买的东西就可能更多了)。

3) 在前两条里都判断不了购买顺序的话,先购买在列表里靠前的。

现在,在"双十一"的这一天,你要帮小 G 编写一个程序,来看看她应该去买她列表里的哪些物品(总价格不要超过 S 哦)。

输入格式：输入共 $N+1$ 行。第一行包含两个整数 S 和 N，S 表示小 G 的可用金额，N 表示她看上的物品个数。接下来 N 行，对应每一个物品，每行有两个整数 a 和 b，a 是物品的原价（单位：元），b 为 0 或 1，若 b 为 0，则此物品不半价，若 b 为 1，则此物品半价销售。

输出格式：输出共一行，为小 G 要买的物品序号（从 1 开始），用空格隔开，注意按序号从小到大输出。若小 G 一件都买不了，则输出 0。

解题思路（供参考）：本题主要使用冒泡排序算法解决。

(11) [ADV-287] Monday-Saturday 质因子。

这是个与数论有关的题目，看起来似乎是"求正整数的所有质因子"，但实际上并不完全是这样。本题中需要定义以下几个概念：

1) Monday-Saturday 数。

对于一个正整数 N，如果它除以 7 得到的余数是 1 或 6，则可以写成 $N=7k+\{1,6\}$ 的形式。更形象地，我们把这样的 N 称作"Monday-Saturday 数"，简称"MS 数"。

2) Monday-Saturday 因子。

如果对于两个 MS 数 a,b，若存在一个 MS 数 x，使得 $ax=b$，那么就称 a 是 b 的一个"Monday-Saturday 因子"，简称"MS 因子"。

3) Monday-Saturday 质数。

如果对于 MS 数 a，满足 $a>1$ 且除了 1 和 a 之外，a 没有其他的 MS 因子，那么称 a 是一个"Monday-Saturday 质数"，简称"MS 质数"。

注：对于传统意义上的质数，若它是一个 MS 数，则它一定是一个 MS 质数。但反之不必成立，例如 27，它是一个 MS 质数但不是传统意义上的质数。

4) Monday-Saturday 质因子。

如果对于两个 MS 数 a,b，若满足 a 是 b 的 MS 因子且 a 是一个 MS 质数，那么称 a 是 b 的一个"Monday-Saturday 质因子"，简称"MS 质因子"。

例如 27 是 216 的一个 MS 质因子（$216=27*8$）。

问题就是，给定一个 MS 数 N，求其所有的 Monday-Saturday 质因子。

输入格式：每个输入数据包含多行，每行一个整数 N（保证 N 一定是 MS

数,1＜N＜300000)。输入的最后一行是一个整数1(对于这一行,你不必输出任何信息)。每个输入数据不超过100行。

输出格式:对于每个 N 输出一行,表示 N 的所有 Monday-Saturday 质因子,按从小到大的顺序输出。格式形如"N: p_1 p_2 p_3 …… p_k",注意行末无多余空格。

解题思路(供参考):本题是个与数论有关的题目,看起来似乎是"求正整数的所有质因子",但实际上并不完全是这样。本题求解可以先采用循环把所有 MS 数找出来,然后再进行下一步判断。

(12)[ADV-283] 矩形靶。

假设在矩形的世界里任何事物都是矩形的,矩形的枪靶,甚至矩形的子弹。现在给你一张尺寸为 $N*M$ 的矩形枪靶,同时告诉你矩形子弹的大小为$(2l+1)*(2r+1)$。读入一张01的图,每个点的01状态分别表示这个点是否被子弹的中心击中(1表示被击中,0则没有)。一旦一个点被子弹的中心击中,那么以这个点为中心 $(2l+1)*(2r+1)$ 范围内靶子上的点都会被击毁。要求输出最终靶子的状态。

输入格式:第一行为 N,M,L,R 表示靶子的大小以及子弹的大小。下面读入一个 $N*M$ 的01矩阵表示每个点是否被子弹的中心击中。

输出格式: $N*M$ 的01矩阵表示靶子上的每个点是否被破坏掉。

解题思路(供参考):本题可采用深度优先的算法思想,用一个数组存储输入的信息,用另一个数组存储打靶影响的范围包括靶重心,然后采用多重 FOR 循环解决(中间有判断过程防止越界)。

(13)[ADV-279] 矩阵乘法。

小明最近刚刚学习了矩阵乘法,但是他计算的速度太慢,于是他希望你能帮他写一个矩阵乘法的运算器。

输入格式:输入的第一行包含三个正整数 n,m,k,表示一个 $n*m$ 的矩阵乘以一个 $m*k$ 的矩阵。接下来 n 行,每行 m 个整数,表示第一个矩阵。再接下来 m 行,每行 k 个整数,表示第二个矩阵。

输出格式:输出有 n 行,每行 k 个整数,表示矩阵乘法的结果。

解题思路(供参考):略。

(14) [ADV-275] JOE 的算数。

有一天,JOE 终于不能忍受计算 $a\char`\^b\%c$ 这种平凡的运算了。所以他要求你写一个程序,计算 $a\char`\^b\%c$。

输入格式:三个非负整数 a,b,c。

输出格式:一个整数 ans,表示 $a\char`\^b\%c$。

解题思路(供参考):本题可用快速幂算法实现,结合数学公式 $(a*b)\%c=(a\%c*b\%c)\%c$,所以,a 与 b 的乘积再取模,可以拆开,其中 a 与 b 还可以看为 1,则有 $a\%c=a\%c\%c(b\%c=b\%c\%c)$。

(15) [ADV-239] P0102。

用户输入三个字符,每个字符取值范围是 0—9,A—F。然后程序会把这三个字符转化为相应的十六进制整数,并分别以十六进制、十进制、八进制输出,十六进制表示成 3 位,八进制表示成 4 位,若不够前面补 0(不考虑输入不合法的情况)。

输入格式:三个符合要求的字符。

输出格式:与三个字符对应的进制数。

解题思路(供参考):由于输入的字符串为十六进制数,因此先将十六进制数转换成二进制,再通过二进制数向八进制与十进制进行转换。

(16) [ADV-237] 三进制数位和。

给定两个非负整数 L 和 R,你需要对每一个 6 位三进制数(允许前导零),计算其每一个数位上的数字和,设其在十进制下为 S。一个三进制数被判断为合法,当且仅当 S 为质数,或者 S 属于区间 $[L,R]$。你的任务是给出合法三进制数的个数。

输入格式:一行两个非负整数 L,R。

输出格式:一行一个非负整数表示答案。

解题思路(供参考):本题需要判断 x 是否为质数。

(17) [ADV-224] 九宫格。

输入 1—9 这 9 个数字的一种任意排序,构成 3*3 二维数组。如果每行、每列以及对角线之和都相等,打印 1,否则打印 0。

输入格式:1—9 这 9 个数字的一种任意排序。

输出格式:一个整数。

解题思路(供参考):本题输入数据到二维数组以后求和比较即可。可采用数组存储,方便初始化。

(18)［ADV-171］身份证号码升级。

从 1999 年 10 月 1 日开始,居民身份证号码由 15 位数字增至 18 位。升级方法为:

1) 把 15 位身份证号码中的年份由 2 位(7,8 位)改为 4 位。

2) 最后添加一位验证码。验证码的计算方案:将前 17 位分别乘以对应系数(7 9 10 5 8 4 2 1 6 3 7 9 10 5 8 4 2)并相加,然后除以 11 取余数,0—10 分别对应 1 0 x 9 8 7 6 5 4 3 2。

请编写一个程序,用户输入 15 位身份证号码,程序生成 18 位身份证号码。假设所有要升级的身份证的年份都是 19××年。

输入格式:一个 15 位的数字串,作为身份证号码。

输出格式:一个 18 位的字符串,作为升级后的身份证号码。

解题思路(供参考):略。

(19)［ADV-167］快乐司机。

"嘟嘟嘟嘟嘟嘟

喇叭响

我是汽车小司机

我是小司机

我为祖国运输忙

运输忙"

这是儿歌"快乐的小司机"。司机所拉货物为散货,如大米、面粉、沙石、泥土……现在知道了汽车核载重量为 w,可供选择的物品的数量 n。每个物品的重量为 g_i,价值为 p_i。求汽车可装载的最大价值($n < 10000, w < 10000, 0 < g_i \leqslant 100, 0 \leqslant p_i \leqslant 100$)。

输入格式:输入第一行为由空格分开的两个整数 $n\ w$。第二行到第 $n+1$ 行,每行有两个整数,由空格分开,分别表示 g_i 和 p_i。

输出格式:最大价值(保留一位小数)。

解题思路(供参考): 本题可使用贪心算法,按照价值/重量从大到小优先选取物品。

(20)[ADV-147] 学霸的迷宫。

学霸住在一个城堡里,城堡外面是一个二维的格子迷宫,要进城堡必须得先通过迷宫。请你找到一条能进入学霸城堡的最短路线。

输入格式:第一行两个整数 n,m 为迷宫的长宽。接下来 n 行,每行 m 个数,数之间没有间隔,为 0 或 1 中的一个。0 表示这个格子可以通过,1 表示不可以。假设你现在已经在迷宫坐标 $(1,1)$ 的地方,即左上角,迷宫的出口在 (n,m)。每次移动时只能向上下左右 4 个方向移动到另外一个可以通过的格子里,每次移动算一步。数据保证 $(1,1),(n,m)$ 可以通过。

输出格式:第一行一个数为需要的最少步数 K。第二行 K 个字符,每个字符 $\in \{U,D,L,R\}$,分别表示上下左右。如果有多条长度相同的最短路径,选择在此表示方法下字典序最小的一个。

解题思路(供参考): 本题属于广度优先搜索(BFS)的最短路径问题,可以使用 BFS 获取所有路径节点的前驱节点存储在数组中,之后倒序遍历前驱数组,比较当前节点和前驱节点,将移动方向写入字符串。最后输出字符串长度和字符串即可。

2.3 课程教学环节安排及要求

程序设计工程实训教学环节按照教学大纲安排,共分以下几个环节。

(1)实训任务布置与讲解。进行实训安排时,实训任务的布置形式由教师进行课堂讲授,并在教学平台上发布。

(2)课堂实践。

(3) 中期检查。教师对学生中期完成情况进行检查,发现进度问题和设计问题及时提醒,督促学生按进度计划进行。

(4) 实训考核、答辩、设计结果提交。实训采用"任务完成情况＋文档考查＋现场编程考核"的方式予以验收。各教学环节课时安排参见表2.1:

表 2.1　教学环节课时安排表

序号	课程内容	学时分配/节
1	任务布置与讲解	2
2	算法必做题	14
3	算法提高题	16
4	历届真题	4
5	答辩考核	4
合计/节		40

2.4　课程考核与成绩评定

根据学生在实训期间的表现(含出勤率、理论准备、算法设计、实现及调试过程中解决问题的能力、调试及答辩结果、课程设计报告)进行综合考核,考核成绩分为优秀、良好、中等、合格和不合格五等。

答辩时,由课程组设计一套原创编程考核试题,布置在指定的在线评测系统。学生在规定时间内,在评测系统中编写程序来解题,在线评测系统还能提供查重功能,有效防止抄袭,展现学生通过课程学习后的真实水平。

第 3 章 数据结构课程实训

3.1 定位和教学目标

数据结构是计算机学科中一门重要的专业基础和主干必修课程,是后续专业课的基础,具有很强的理论性和实用性。本课程开课前,学生已经学习了程序设计基础等专业基础课程,已具备利用高级语言编写实现简单算法的能力,但对复杂对象及复杂问题分析与求解能力缺乏。理论课程内容主要包括线性表、栈、队列、串、数组和广义表、树、图等基础数据结构的存储和实现,查找、排序经典算法的应用。数据结构课程实训的教学目标为:

(1) 巩固与加深对课程内容的理解。
(2) 熟悉开发工具的使用。
(3) 培养与增强学生的综合运用能力。
(4) 培养与增强学生的自学能力和利用文献的能力。

3.2 教学内容和要求

3.2.1 课程设计的题目

本课程设计提供 5 个任选题。

(1) 一元多项式计算问题。

(2) 迷宫问题。

(3) 利用二叉排序树对顺序表进行排序。

(4) 交通咨询系统。

(5) 内部排序算法的比较。

3.2.2 一元多项式计算问题

1. 问题描述

设计一个稀疏多项式简单计算器。

2. 基本要求

(1) 输入并分别建立多项式 A 和 B。

(2) 输入输出多项式,输出形式为整数序列:$n,c_1,e_1,c_2,e_2\cdots$,其中 n 是多项式的项数,c_i 和 e_i 是第 i 项的系数和指数,序列按指数降序排列。

(3) 完成两个多项式的相加、相减,并将结果输出。

测试数据:

$A+B$ $A=3x^{14}-8x^8+6x^2+2$ $B=2x^{10}+4x^8-6x^2$

$A-B$ $A=11x^{14}+3x^{10}+2x^8+10x^2+5$ $B=2x^{14}+3x^8+5x^6+7$

$A+B$ $A=x^3+x$ $B=x^3-x$

$A+B$ $A=0$ $B=x^7+x^5+x^3+x$

$A-B$ $A=100x^{100}+50x^{50}+20x^{20}+x$ $B=10x^{100}+10x^{50}+10x^{20}+x$

3. 选作内容

（1）多项式在 $x=1$ 时的运算结果。

（2）多项式 A 和 B 的乘积。

4. 问题分析

在完成该任务时，首先需要分析确定多项式的逻辑结构和存储结构表达。数据的逻辑结构分为线性结构和非线性结构，线性表是典型的线性结构；集合、树和图是典型的非线性结构。线性结构中的数据元素之间只存在一对一的关系；树形结构中的数据元素之间存在一对多的关系；图状结构或网状结构中的数据元素之间存在多对多的关系。一般来讲，一个一元多项式，按照升幂写成：

$$P_n(x) = p_0 + p_1 x + p_2 x^2 + p_3 x^3 + \cdots + p_n x^n$$

多项式由 $(n+1)$ 个系数唯一确定，按照原理上可以用线性表 P 来表示。

存储结构是指数据结构在计算机中的表示（又称映像），也称物理结构。它包括数据元素的表示和关系的表示。数据的存储结构主要有：顺序存储、链式存储、索引存储和散列存储。如果用顺序表 $p[n]$ 进行存储多项式，下标代表指数，值代表系数，这样便可实现多个一元多项式的相加相减以及求导运算。但是对于处理系数稀疏的多项式，空间浪费比较大。因此，常规做法使用一个长度为 m 且每个元素包含两个数据项（系数项和指数项）的线性表 $((p_1,e_1),(p_2,e_2),\cdots,(p_n,e_n))$ 唯一确定多项式 $P(x)$。线性表有两种存储结构，如果只对多项式进行"求值"等不改变多项式的系数和指数的运算，可以用顺序存储结构，否则应该采用链式存储结构。

当两个一元多项式相加时，需遵循如下的运算规则。假设指针 q_a 和 q_b 分别指向多项式 A 和多项式 B 中当前进行比较的某个结点，则比较两个结点的指数项，存在以下 3 种不同情况及处理方法：

（1）指针 q_a 所指结点的指数值小于指针 q_b 所指结点的指数值，则应摘除

q_a所指结点插入到"和多项式"链表中去。

（2）指针q_a所指结点的指数值大于指针q_b所指结点的指数值,则应摘除q_b所指结点插入到"和多项式"链表中去。

（3）指针q_a所指结点的指数值等于指针q_b所指结点的指数值,则将两个结点的系数相加:若和不为 0,则修改q_a所指结点的系数值,同时释放q_b所指结点;若和为 0,则应从多项式 A 的链表中删除相应结点,并释放指针q_a和q_b所指结点。

3.2.3 迷宫问题

1. 问题描述

以一个$m*n$的长方阵表示迷宫,0 和 1 分别表示迷宫中的通路和障碍。迷宫问题要求求出从入口$(1,1)$到出口(m,n)的一条通路,或得出没有通路的结论。

2. 基本要求

首先实现一个以链表作存储结构的栈类型,然后编写一个求迷宫问题的非递归程序,求得的通路以三元组(i,j,d)的形式输出,其中:(i,j)指示迷宫中的一个坐标,d表示走到下一坐标的方向。

测试数据:

左上角$(1,1)$为入口,右下角(m,n)为出口。

3. 选作内容

（1）编写递归形式的算法,求得迷宫中的所有可能的通路。
（2）以方阵的形式输出迷宫以及迷宫中所有可能的通路。

4. 问题分析

迷宫大致可分为三种,简单迷宫、多通路迷宫(通路间不带环)、多通路迷宫

(通路间带环),其中带环多通路迷宫是最复杂的。迷宫问题本质就是使用栈来完成一个图的遍历问题,从起点开始不断向四个方向探索,直到走到出口,走的过程中可以借助栈记录走过路径的坐标,栈记录坐标有两方面的作用,一方面是记录走过的路径,一方面方便走到死路时进行回溯找其他的通路。本题属于简单迷宫,可以采用回溯算法解决,即从起点开始,采用不断"回溯"的方式逐一试探所有的移动路线,最终找到可以到达终点的路线。

迷宫问题如图 3.1 所示。

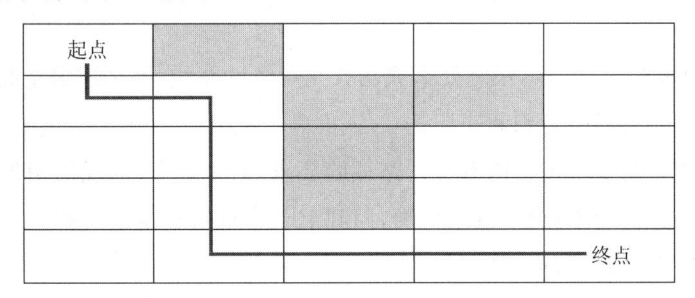

图 3.1 迷宫问题示意图

实现中,可以使用不同字符表示迷宫中的不同区域。例如,用 1 表示可以移动的白色区域,用 0 表示不能移动的灰色区域,则可以建立一个二维数组用来存储墙壁和道路信息,图 3.1 迷宫可以用如下的矩阵来表示:

1 0 1 1 1

1 1 0 0 1

1 1 0 1 1

1 1 0 1 1

1 1 1 1 1

关于移动方向:首先移动方向一般只有上、下、左、右这四个方向,对于任意一点(x,y),下一步都有上、下、左、右四个可能的方向,即$(x+1,y)$,$(x-1,y)$,$(x,y+1)$,$(x,y-1)$,因此可以制定一个顺序,去依次访问这些方向的单元格(道路)。

搜索方式可以选择广度优先搜索(BFS)或深度优先搜索(DFS)。广度优先搜索利用队列的先进先出性质,找到的路径是一条最短的通路;深度优先搜索利用递归回溯的思想,所找到的路径不一定是一条最短通路。

以图 3.1 所示的迷宫为例,回溯算法解决此问题的具体思路是:

(1) 从当前位置开始,分别判断是否可以向四个方向(上、下、左、右)移动。

(2) 选择一个方向并移动到下个位置。判断此位置是否为终点,如果是就表示找到了一条移动路线;如果不是,在当前位置继续判断是否可以向四个方向移动。

(3) 如果四个方向都无法移动,则回退至之前的位置,继续判断其他方向。

(4) 重复(2)、(3)步,最终要么成功找到可行的路线,要么回退至起点位置,表明所有的路线都已经判断完毕。

对于选做题要求搜索所有可行路径的要求,对上述 DFS 代码稍加修改,即在找到一条路径后不停止,继续回溯,回到上一个可行点继续寻找下一条路径,即可实现搜索所有可行路径。

3.2.4 利用二叉排序树对顺序表进行排序

1. 问题描述

利用二叉排序树对顺序表进行排序。

2. 基本要求

(1) 生成一个顺序表 L。
(2) 对所生成的顺序表 L 构造二叉排序树。
(3) 利用栈结构实现中序遍历二叉排序树。
(4) 中序遍历所构造的二叉排序树将记录由小到大输出。

测试数据:

用伪随机数产生程序产生,表长不小于 20。

3. 选作内容

用实现二叉排序树的插入和删除操作。

4. 问题分析

二叉排序树(Binary Sort Tree，BST)属于二叉树的一种，其主要特色在于构建二叉树与输出二叉树。二叉排序树每个节点是一个自引用结构体，构成形式如下：

struct TreeNode{
　struct TreeNode * leftPtr;
　int data;
　struct TreeNode * rightPtr;
};

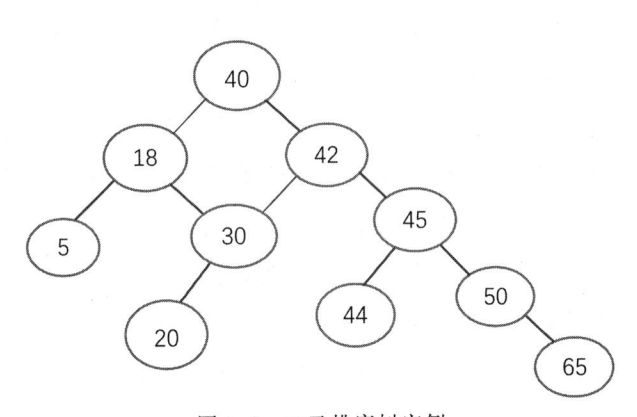

图 3.2　二叉排序树实例

从二叉排序树的根部节点开始，每个节点拥有两个子节点(NULL 或者一个节点)，称为左节点与右节点，每个节点的左部分与右部分又分别称为该节点的左子树与右子树。二叉排序树的子树很有特点，每个节点的键值大于左子树所有节点的键值，小于右子树所有节点的键值。所以二叉排序树是按节点键值排序的数据结构。二叉排序树的某个节点，如果不是叶节点，则有左子树或右子树，是一个更小的树，因此可以递归地处理关于树的一些问题。二叉排序树的一个实例如图 3.2 所示。

(1) 二叉排序树的遍历方法。

二叉排序树有三种遍历方法，分别是先序遍历、中序遍历和后序遍历，命名的由来是我们访问二叉排序树根节点的顺序。

1) 先序遍历。先读取根节点,再读取左子树,最后再读取右子树。

2) 中序遍历。先读取左子树,再读取根节点,最后再读取右子树。

3) 后序遍历。先读取左子树,再读取右子树,最后再读取根节点。

使用栈结构实现二叉排序树的遍历算法有两种写法,一种通过递归调用让计算机维护一个栈,另外一种是自己显示的定义一个栈自己维护。

(2) 二叉排序树的插入方法。

二叉排序树的插入思路:将要插入节点的键值与根节点键值比较,如果小于根节点键值,则插入根节点的左子树,如果大于根节点的键值,则插入根节点的右子树,插入子树相当于插入一个更小的树,因此可以用递归方法实现,直到找到没有子树的节点,将新节点插到其下面。

有一点需要注意的是,新节点插入只会成为叶节点,因为二叉排序树是不允许有重复的数字的,如果插入的新节点的键值和已有的某个节点的键值相等,则意味着插入失败。如果使用递归方法实现插入,那么在递归查找的过程中,一旦找到的是 NULL,就说明该位置就是新节点应该在的位置。

(3) 二叉排序树的删除方法。

二叉排序树的删除思路:相比于二叉排序树的插入和查找,删除一个节点要复杂一些,原因是要保证二叉排序树的排序性质。

3.2.5 交通咨询系统

1. 问题描述

设计一个交通咨询系统,便于自驾游旅行者咨询从任一个城市到另一个城市之间的最短路径。设计分三个部分,一是建立交通网络图的存储结构;二是解决单源最短路径问题;最后再实现两个城市顶点之间的最短路径问题。

2. 基本要求

(1) 对城市信息(城市名、城市间的里程)进行编辑:具备添加、修改、删除功能。

（2）咨询以用户和计算机对话方式进行，要注意人机交互的屏幕界面。由用户选择输入起点、终点，输出信息：旅行者从起点、终点经过的每一座城市。

（3）主程序可以有系统界面、菜单；也可用命令提示方式；选择功能模块执行，要求在程序运行过程中可以反复操作。

3. 测试数据

参考《数据结构（C 语言版）》（严蔚敏 吴伟民编著）7.6 节图 7.33 的交通图。测试数据为：北京到乌鲁木齐；北京到昆明；广州到哈尔滨；乌鲁木齐到南昌；沈阳到昆明。

4. 问题分析

交通资讯也属于路径规划类问题，本题求解分成三个步骤：
（1）建立交通网络图的存储结构。

图的逻辑结构为多对多，可以借助二维数组来表示元素间的关系，即数组表示法（邻接矩阵），也可以用图的链式存储结构即多重链表来描述，如邻接表，邻接多重表。

1）邻接矩阵表示交通网络图。

邻接矩阵以矩阵的形式存储图所有顶点间的邻接关系及权值。如果用结构体表示邻接矩阵，可以用两个数组分别记录点数和边数，一个二维数组展示邻接矩阵，一个一维数组存放各个顶点存放的数据。

2）邻接表表示交通网络图。

邻接表的处理方法是：图中顶点用一个一维数组存储，另外，对于顶点数组中，每个数据元素还需要存储指向第一个邻接点的指针，以便于查找该顶点的边信息。邻接表的相关表示方法可参考教材定义。

（2）解决单源最短路径问题。

给定一个带权有向图 $G=(V,E)$，其中每条边的权是一个实数。另外，还给定 V 中的一个顶点，称为源。要计算从源到其他所有各顶点的最短路径长度。这里的长度就是指路上各边权之和。这个问题通常称为单源最短路径问题。

迪杰斯特拉(Dijkstra)算法是经典的单源最短路径问题算法,其主要特点是从起始点开始,采用贪心算法的策略,每次遍历到始点距离最近且未访问过的顶点的邻接节点,直到扩展到终点为止。

使用邻接矩阵实现的 Dijkstra 算法的复杂度是 $O(n^2)$。使用邻接表的话,更新最短距离只需要访问每条边一次即可,因此这部分的复杂度是 $O(E)$,但是每次要枚举所有的顶点来查找下一个使用的顶点,因此最终复杂度还是 $O(n^2)$。在 $|E|$ 比较小时,大部分的时间都花在了查找下一个使用的顶点上,因此需要使用合适的数据结构进行优化。

可以考虑在第 2 步的查找与源点距离最小的点进行优化。可以使用堆结构,定义一个优先队列 q,设路径值小的优先级高,这样我们可以用 $q.top()$ 来通过 $O(\log n)$ 的时间复杂度找到路径值最小的点,而原本查找最小路径值点需要的时间复杂度为 $O(n)$。

(3) 求解两个城市之间的最短路径。

弗洛伊德(Floyd)算法可以给出网络中任意两个节点之间的最短路径,因此它是比 Dijkstra 算法更一般的算法。Floyd 算法的思想是将各节点的网络表示为行列的矩阵,而矩阵中的元素表示从节点到节点的距离,如果两点没有边相连,则相应的元素就是无穷。

3.2.6 内部排序算法的比较

1.问题描述

通过随机数据比较各内部排序算法的关键字比较次数和关键字移动的次数,以取得直观感受。

2.基本要求

(1) 待排序表的表长不小于 100。

(2) 至少要用 5 组不同的输入数据作比较。

(3) 排序算法不少于 5 种。

(4) 最后要对结果作简单的分析。

3. 测试数据

用伪随机数产生程序产生。

4. 选作内容

对不同的表长做试验,分析两个指标相对于表长变化关系。

5. 问题分析

常见内部排序算法包括:

(1) 插入排序。

1) 直接插入排序。将一个记录插入到已排好序的有序表中,从而得到一个新的、记录数增 1 的有序表。

2) 折半插入排序。在一个有序表中进行查找和插入,利用"折半查找"来实现查找。

3) 希尔排序。又称为"缩小增量排序"。现将整个待排记录序列分割成为若干子序列分别进行直接插入排序,待整个序列中的记录"基本有序"时,再对全体记录进行一次直接插入排序。

(2) 交换排序。

1) 冒泡排序。相邻两个关键字比较,在一趟排序过程中没有进行过交换记录的操作则结束操作。

2) 快速排序。通过一趟排序将待排记录分割成独立的两部分,其中一部分记录的关键字均比另一部分记录的关键字小,则可分别对这两部分记录继续进行排序,以达到整个序列有序。

(3) 选择排序。

1) 简单选择排序。通过 $n-i$ 次关键字间的比较,从 $n-i+1$ 个记录中选出关键字最小的记录,并和第 $i(1 \leqslant i \leqslant n)$ 个记录交换。

2) 堆排序。先输出初始建堆后的结果;其后各行输出交换堆顶元素并调整堆的结果。

(4) 归并排序。

二路归并排序。将一位数组中前后相邻的两个有序序列归并为一个有序序列。初始 n 个记录可看成 n 个有序子序列,前后相邻两两归并。

(5) 基数排序。

和前面所述各类排序方法不同的一种排序方法,属于桶排序的扩展。具体做法是:将所有待比较数值统一为同样的数位长度,数位较短的数前面补零。然后,从最低位开始,依次进行一次排序。这样从最低位排序一直到最高位排序完成以后,数列就变成一个有序序列。

3.2.7 课程要求

1. 课程设计知识要求

(1) 了解数据结构及其分类、数据结构与算法的密切关系。
(2) 熟悉各种基本数据结构及其操作,学会根据实际问题来选择数据结构。
(3) 掌握设计算法的步骤和分析方法。
(4) 掌握数据结构在排序和查找等常用算法中的应用。

2. 课程设计过程要求

(1) 问题分析和任务定义。

根据设计题目的要求,充分地分析和理解问题,明确问题要求做什么?限制条件是什么?

(2) 逻辑设计。

对问题描述中涉及的操作对象定义相应的数据类型,并按照以数据结构为中心的原则划分模块,定义主程序模块和各抽象数据类型。逻辑设计的结果应写出每个抽象数据类型的定义(包括数据结构的描述和每个基本操作的功能说明),各个主要模块的算法,并画出模块之间的调用关系图。

(3) 详细设计。

定义相应的存储结构并写出各函数的伪码算法。在这个过程中,要综合考虑系统功能,使得系统结构清晰、合理、简单和易于调试,抽象数据类型的实现尽可能做到数据封装,基本操作的规格说明尽可能明确具体。详细设计的结果是对数据结构和基本操作作出进一步的求精,写出数据存储结构的类型定义,写出函数形式的算法框架。

(4) 程序编码。

把详细设计的结果进一步求精为程序设计语言程序。同时加入一些注解和断言,使程序逻辑概念清楚。

(5) 程序调试与测试。

采用自底向上,分模块进行,即先调试低层函数。能够熟练掌握调试工具的各种功能,设计测试数据确定疑点,通过修改程序来证实它或绕过它。调试正确后,认真整理源程序及其注释,形成格式和风格良好的源程序清单和结果。

(6) 结果分析。

程序运行结果包括正确的输入及其输出结果和含有错误的输入及其输出结果,包括算法的时间、空间复杂性分析。

(7) 撰写课程设计报告。

3. 课程设计考核要点

(1) 问题分析和功能定义准确。

(2) 数据结构定义合理。

(3) 关键算法描述清楚。

(4) 代码编写力求规范。

(5) 测试时注意边缘条件的测试。

(7) 课程设计报告书按规范撰写。

3.3　课程教学环节安排及要求

按教学计划规定,数据结构课程设计总学时数为 2 周,其进度及时间大致分配如下表 3.1 所示:

表 3.1　数据结构课程设计时间安排

序号	设计内容	时间/d
1	分析问题,给出数学模型,选择数据结构	1
2	设计算法,给出算法描述	2
3	给出源程序清单	1
4	编辑、编译、调试源程序	5
5	撰写课程设计报告	1
总计		10

3.4　课程考核与成绩评定

1. 考核方式

(1) 课程设计结束时,在机房当场验收。
(2) 教师检查运行结果是否正确。
(3) 学生回答教师提出的问题。
(4) 学生提交课程设计文档。

2. 评分方法

(1) 课程设计的成绩分为:优、良、中、及格、不及格五个等级。
(2) 评分标准:独立完成课程设计、并有所创新,作品有实用价值,评为优;

独立完成课程设计、个性化特色明显,课程设计报告完成较好,评为良;按规定完成课程设计并提交成果,课程设计报告一般,评为中;按规定完成课程设计并提交成果,课程设计报告较差,评为及格;未按规定完成课程设计或未提交报告者不及格。

第 4 章　软件工程基础实训 I

4.1　定位和教学目标

　　软件工程基础实训 I 是相关专业必修基础课,主要内容包括面向对象类与对象、三大特征及其应用的基础知识。目的是使学生掌握面向对象程序设计的基本概念与方法,进而学会利用面向对象程序设计解决一般应用问题,并为后续课程奠定基础。学生通过本课程的学习,可以熟悉面向对象程序设计的发展;理解和掌握面向对象程序设计的基本思想及基本概念;掌握使用面向对象进行编程的技术;初步认识面向对象程序设计方法及过程,为后续专业课程的学习打下良好的基础。

4.2　教学要求

　　每个学生在给定设计题中选择一个作为设计内容,各个题目具体要求见详细要求。需要采用图形用户界面(GUI)技术与数据库技术,设计友好、操作简单、易懂的界面,实现对系统数据的管理。

具体技术规范要求包括：

(1) 以 Eclipse 作为开发工具来实现管理系统。

(2) 管理系统都要通过登录功能模块进入系统主界面。

(3) 实现对管理系统里数据的操作,包括数据的新增,修改,查询等。

(4) 管理系统功能模块不得少于五个。

(5) 要用流技术将数据信息保存到文件中,并能从文件中读取出来;基础好的同学用数据库实现对数据的管理。

(6) 界面友好,操作简单,功能明确。

具体实施过程要求包括：

(1) 需求分析。根据具体的课题需求,确定程序应具有哪些功能模块、界面应该具有哪些提示信息。

(2) 参考资料搜集根据所要求的功能,确定编程思路和方案,找到相应的技术资料和参考文献。熟悉整个系统功能模块代码之间的联系。

(3) 概要设计。由于课题的实现代码行数多,因此建议在编写代码前,将程序分成几个模块来设计,这样便于阅读、分析和调试。可以将特定的功能模块设计成函数,画出主程序和各个功能模块程序的流程图。

(4) 详细设计。根据程序的流程图,用 GUI 技术与数据库技术编程实现。编程时,应该注意程序要精简、可读性强、算法设计合理,代码中必须包含详细的注释,模块或函数要有详细的功能、参数、返回值的说明。

(5) 上机调试。调试时,主要观察模块功能是否正确,各模块之间的关联是否符合逻辑,否则,需要修改源程序,然后重新编译调试,直到符合课题要求为止。

4.3 教学内容

4.3.1 实训题目

1. 销售管理系统

(1) 系统原始需求。

某公司有 N 个销售员,负责销售 M 种产品。每次销售需要记录的内容为:销售日期、销售时间、流水号、销售员编号、产品号、销售数量、销售额。要求编程实现销售员信息管理、产品管理以及销售详细情况的管理;同时提供计算每个销售人员对每种产品的月销售情况、按销售额对销售员进行排序、统计各产品的总销售额并排序输出、显示统计报表等。

(2) 基本功能需求。

1) 销售信息初始化。将销售信息清空。

2) 销售员管理。实现销售员的新增、修改、查询、删除操作。

3) 产品管理。实现产品的新增、修改、查询、删除等操作。

4) 销售记录管理。实现销售情况的新增、修改、查询、统计等操作。

5) 必须要用面向对象设计思想编程实现。

(3) 高级功能需求。

1) 统计各销售员的月销售额信息。统计各销售员的月销售额信息并排序显示。

2) 统计各产品的总销售额。统计各产品的总销售额并显示,显示信息包括统计月份、销售产品号、总销售额。

3) 界面友好。

2. 教师工作量管理系统

(1) 系统原始需求。

编程实现教师工作量管理系统,具体包括教师信息管理、部门信息管理、学期教师工作量管理。根据各学期教师工作量情况进行部门统计教师情况、分部门统计工作量情况,并能根据结果进行排序输出。

(2) 基本功能需求。

1) 教师信息管理。对教师信息(编号、姓名、出生年月、所在部门编号、学历等信息)进行新增、修改、查询、删除等操作。

2) 部门信息管理。对学校各部门的信息进行管理,具体包括部门信息的新增、修改、查询等操作。

3) 学期教师工作量管理。实现对指定学期内的教师工作量信息进行的新增、修改、查询、删除等操作。

4) 必须要用面向对象设计思想编程实现。

(3) 高级功能需求。

1) 对指定学期分部门进行教师工作量的统计,并将结果排序输出。

2) 分部门统计现有教师人数,并排序输出。

3) 界面友好。

3. 连锁酒店房间管理系统

(1) 系统原始需求。

编程要求能够实现连锁酒店客房管理、销售管理等功能,并能根据各门店的销售情况完成报表统计。

(2) 基本功能需求。

1) 门店管理。具体实现连锁门店的信息管理、客房新增、修改、查询等功能。

2) 客房管理。实现门店客房的管理功能,具体包括客房信息管理(客房中的硬件设施各类信息)、价格调整、客房状态查询等功能。

3）日常销售管理。具体包括：入住客户信息登记、退房检查、预订、续订、查询等功能。

4）必须要用面向对象设计思想编程实现。

（3）高级功能需求。

1）对门店每日营业信息进行查询。

2）界面友好。

4.实验室设备管理系统

（1）系统原始需求。

编程实现实验室设备管理系统，具体功能包括：实验室管理、设备管理、实验室新进设备、报废管理、租借管理、设备查找以及对各实验室进行设备统计并输出信息。

（2）基本功能需求。

1）实验室的管理。具体包括实验室信息（实验室编号、实验室名称、地址、责任人等信息）的新增、修改、查询等功能。

2）实验室设备基本信息管理。实现对指定实验室的设备基本信息（设备编号、设备名称、设备类型、价格）的管理功能，具体包括：设备信息的新增、修改、查询、报废处理等功能。

3）实验室设备租借归还等操作管理。实现指定实验室的设备日常管理功能，具体包括：租借、归还、续租、查询等功能，日常信息管理包括：经手人、是否在库、外借时间、外借人姓名、归还日期等。

4）必须要用面向对象设计思想编程实现。

（3）高级功能需求。

1）设备信息按编号或经手人查询，排序按编号排列。

2）对所有设备实现清点功能。

3）界面友好。

5.院部图书管理系统

（1）系统原始需求。

实现院部图书管理系统的功能,具体包括:图书信息管理、学生信息管理、借阅图书信息管理等功能。并在此基础上完成图书的汇总统计。

(2) 基本功能需求。

1) 图书信息管理。主要包括图书信息的新增、图书信息查找、信息修改等功能。

2) 学生信息管理。完成学生信息的新增、修改、查询功能。

3) 图书借阅信息的日常管理。主要包括图书借阅管理、图书归还管理、图书查询等功能。

4) 必须要用面向对象设计思想编程实现。

(3) 高级功能需求。

1) 对图书信息的查询提供多种查询方式(如按编号查询、按图书名称查询、按作者查询等)。

2) 对图书实现统计查询功能,如按借阅次数统计查询、按在库与出库(处于借阅状态)模式统计查询等。

6. 校运动会报名管理系统

(1) 系统原始需求。

编程实现校运动会报名管理系统,具体完成校运动会项目管理、运动员管理、报名管理以及相关的查询统计功能。

(2) 基本功能需求。

1) 校运动会项目管理。具体包括项目的新增、修改、查询等功能。项目信息包括项目编号、项目名称、项目类别(男、女)、项目性质(团体、个人)等。

2) 运动员信息的管理。具体包括运动员信息的新增、修改、查询、删除等功能。运动员信息包括运动员编号、姓名、所在班级、性别等。

3) 报名管理。完成运动员选择参赛项目的过程。

4) 必须要用面向对象设计思想编程实现。

(3) 高级功能需求。

1) 对报名管理的查询提供多种查询方式(如按运动员查询和按参赛项目查

询等),实现给定项目查询报名的运动员信息,给定运动员查询其报名参加的所有项目的详细信息等。

2)界面友好。

7.班级学生成绩管理系统

(1)系统原始需求。

编程完成班级学生成绩的管理,具体包括所在班级的学生信息管理、课程信息管理以及学生成绩管理,并完成相应的查询、统计、排序输出等功能。

(2)基本功能需求。

1)学生信息管理。具体包括学生信息的新增、修改、删除、查询等功能。学生信息包括学号、姓名、性别、年龄等。

2)课程信息管理。具体包括课程编号、课程名称、课时数、课程性质(选修、必修)、学分、授课教师等。

3)学生成绩管理。具体针对选择的课程对学生的成绩进行录入;并能实现单个学生单门课程的成绩录入过程;同时完成成绩的查找功能。

4)必须要用面向对象设计思想编程实现。

(3)高级功能需求。

1)对成绩进行统计(例如显示每门课程成绩最高的学生的基本信息、显示每门课程的平均成绩和显示超过某门课程平均成绩的学生人数等)。

2)界面友好。

8.教师选课管理系统

(1)系统原始需求。

编程实现教师的选课功能,具体包括教师信息的管理、课程信息管理、教师选课的管理以及相关的查询统计功能。能够根据教师查找出该教师的所有选课情况,根据课程查找相关任课教师。

(2)基本功能需求。

1)教师信息的管理。具体包括教师信息的新增、教师信息的修改、查找、删除等功能；教师信息包括教师编号、教师姓名、性别、年龄、所在部门、所学专业等。

2）课程信息的管理。具体包括课程信息的新增、修改、删除、查找等功能，课程信息包括课程编号、课程名称、课时数、班级数等。

3）教师选课管理。具体可以根据教师选择课程，也可以根据课程设置授课教师；但一门课程只能允许一个教师进行挑选；一个教师可以选择多门课程。

4）必须要用面向对象设计思想编程实现。

（3）高级功能需求。

1）在教师选课过程中，若通过课程设置教师，则在输入教师信息时通过查询教师信息表，若存在对应编号的教师则直接进行显示，否则，将当前录入的教师信息作为新教师加入教师信息管理中。

2）完成按教师授课量的统计排序操作。具体统计每个教师全部所选课程的课时数，按教师所授课程课时数的大小排序输出结果。

3）界面友好。

9. 仓库管理系统

（1）系统原始需求。

库存是企业或机构持有的、用于销售或为生产经营提供输入或供给的物资的总称。通常，企业和机构都需要库存，库存是总资产的重要组成部分。库存管理是对库存物资及其变动业务进行管理及监控，并使库存储备保持在经济合理的水平。本系统要求实现配送中心管理系统的基本功能：货物的初始化处理，货物的进仓、出仓、报废管理，货物的库存统计等操作。

（2）基本功能需求。

1）货物的初始化处理。仓库自身有一定的货品量，或是其他渠道货品，可以归入初始化入库，简化分类。

2）货物的进仓管理。完成企业采购部从供应商处采购商品并将采购商品存入仓库过程中产生的入库流程管理。

3）货物的出仓管理。当用户购买商品，付款后，仓库收到用户订单后，会进行发货处理,此时出库即为销售出库。完成对销售出库的管理。

4) 货物的报废管理。完成对报废货物的确认,查询等处理。

5) 零库存和满仓预警处理。为了更好地管理商品日期,需要对仓库的商品进行预警管理,对商品的保质期控制在一个范围内提示出来,也可以通过该功能间接地展示出一个商品的销量。

(3) 高级功能需求。

1) 对货物信息进行统计(例如某单位时间内流量排序等)。

2) 界面友好。

10. 小型学生理财系统

(1) 系统原始需求。

满足学生个人的理财需求,提供账户管理,收支管理,统计等功能。以帮助学生们能够及时掌握个人的消费情况。

(2) 基本功能需求。

1) 账户管理。能够实现账户的增加、删除、余额查询等功能。

2) 收支分类设置。实现不同收支分类的增加、删除、修改等功能。

3) 收入管理。实现收入记录的增加、删除、修改等功能。能够按类别进行查询和统计。

4) 支出管理。实现支出记录的增加、删除、修改等功能。能够按类别进行查询和统计。

5) 必须要用面向对象设计思想编程实现。

(3) 高级功能需求。

1) 对账户信息进行统计(例如某单位时间内收支分类排序等)。

2) 界面友好。

11. 机房上机管理系统

(1) 系统原始需求。

实现机房管理系统的基本功能:初始上机信息、人员上机、人员下机、查找人员、结算上机费用、输出上机信息。

(2) 基本功能需求。

1) 实验室机器管理。完成实验室机器的管理功能,具体包括机器信息(机器编号、名称、规格、价格、使用状态(检修、空闲、已使用、报废))的录入、查询、修改、报废等功能。检修只针对处于空闲状态或处于检修状态的机器进行,报废只针对当前处于检修状态的机器进行报废。

2) 上机管理。完成机器使用的日常管理功能。具体包括学生上机信息登记(机器编号、学号、姓名、专业、年级、使用时间等),同时在新上机的学生进行机器分配时只能分配处于空闲状态的机器;学生下机信息登记管理,具体记录学生下机的时间,根据下机的学生提供的机器编号,设置其状态为空闲。

3) 查询管理。根据机器编号查询该机器的当前状态,若为已使用,则显示使用的学生信息;同时还可以根据学生姓名或编号进行查找,具体查询正在使用的机器编号以及该学生的详细信息。

4) 费用结算管理。下机时根据上机时间与下机时间差计算费用,费用计算原则为每小时 3 元,不足 1 h 的按 1 h 计算。如使用 2 h 20 min,则按 3 h 计算。

5) 必须要用面向对象设计思想编程实现。

(3) 高级功能需求

1) 对机器信息进行统计(统计机器的检修次数、每台机器使用总机时情况并排序输出等)。

2) 界面友好。

12. 学校社团管理系统

(1) 系统原始需求。

社团管理系统是为了更好地管理学生参加社团情况、活动情况等信息而设计的。编程实现学校社团管理系统,具体包括社团管理、社团人员管理以及有关社团人员的统计查询功能。

(2) 基本功能需求。

1) 社团管理。具体完成社团的新增、修改、查询等功能。

2) 人员管理。针对某一指定的社团完成其学员(学生编号、姓名、年龄、所学专业、兴趣爱好等)相关信息的新增、修改、查询、删除等功能。

3) 查询管理。给定某一学员,查找其所参加的全部社团,并将相关社团信息进行显示输出。

4) 必须要用面向对象设计思想编程实现。

(3) 高级功能需求。

1) 实现对社团人数按大小排序的功能。

2) 在新增社团成员操作中,实现给定一学生编号,若该学生编号在其他社团中存在,则将该学生的信息自动进行显示,若不存在,则需要录入该学生的所有详细数据信息。

3) 界面友好。

13. 艺术培训机构学员管理系统

(1) 系统原始需求。

编程培训机构学员管理系统,主要包括培训项目管理、培训考勤管理、培训报名管理,包括人员的统计、查询、修改等功能。

(2) 基本功能需求。

1) 项目管理。具体完成项目的新增、修改、查询等功能。

2) 人员管理。针对某一指定的培训项目完成其学员(学生姓名、报名日期、缴费金额等)相关信息的新增、修改、查询、删除等功能。

3) 必须要用面向对象设计思想编程实现。

(3) 高级功能需求。

1) 实现对培训项目人数按大小排序的功能。

2) 实现给定一学生编号,若该学生编号在培训项目中存在,则将该学生的信息自动进行显示。

3) 界面友好。

14. 物业管理系统

(1) 系统原始需求。

物业管理系统是面向小区的各项事务,利用计算机进行集中管理而开发的系统。编程实现物业管理系统,主要模块包括:业主信息管理,缴费管理,报修管理,投诉管理,车位管理。要求实现对相关信息的增加、删除、修改、查询、统计等功能。

(2) 基本功能需求。

1) 业主信息管理功能。对业主信息进行新增、修改、删除等操作,查看业主的信息。

2) 缴费管理功能。实现缴费的新增、统计,查看业主缴费情况。

3) 报修管理。实现报修的基本信息(日期、名称、责任人)的管理功能,具体包括:报修信息的新增、修改、查询等功能。

4) 投诉管理。实现投诉管理功能,查看投诉信息并进行反馈,添加投诉信息,投诉内容填写错误可以进行删除、修改等操作。

5) 必须要用面向对象设计思想编程实现。

(3) 高级功能需求。

1) 实现报修项目按时间先后顺序的排序。

2) 对没有缴费的业主进行统计。

3) 界面友好。

15. 车务管理系统

(1) 系统原始需求。

编程实现车务管理系统,包括两个模块:档案管理模块,车辆信息管理模块。档案管理模块包括对相关车辆的司机档案、证照档案等信息的管理。车辆信息管理模块包括对车的保险、年检、保养、维修、违章、事故记录等信息的管理。

(2) 基本功能需求。

1) 档案管理。对司机信息档案进行新增、修改、删除等操作,查看司机的档案信息。

2) 车辆信息管理。实现对车辆的保险、年检、保养、维修、事故记录信息的新增、修改、删除、查询。

3) 必须要用面向对象设计思想编程实现。

(3) 高级功能需求。

1) 实现按时间先后顺序保养情况的查询。

2) 对维修次数进行统计。

3) 界面友好。

4.4 实训题目讲解——仓库管理系统

4.4.1 需求分析

仓库管理系统包含以下主要功能模块:

(1) 仓库管理系统注册登录模块。

(2) 货物信息管理。管理货物的基本信息(编号、名称、类型、规格、价格等),包括信息的初始化以及后期的维护。

(3) 货物入库出库管理。支持用户维护新进货物的信息,包括货物编号、名称、数量、入库日期、供应商信息等,系统将更新库存信息。

支持用户维护货物出库信息,包括货物编号、出库数量、出库日期、接收方信息等,系统将更新库存信息。

(4) 货物报废管理。支持用户标记和记录报废货物,输入货物编号等信息,系统将标记该货物为报废状态并记录相应信息。

(5) 零库存和满仓预警处理功能。支持设定阈值,监测库存量。

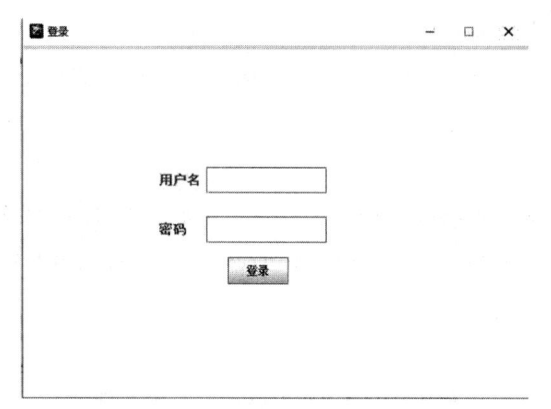

图 4.1 仓库管理系统登录界面

4.4.2 核心代码

1. 登录界面

登录账号:root,密码:123。

本系统启动后进入登录界面,如图 4.1 所示:

主要代码:

```
/***登录过程*/
private void login() {
    String name = nameTxt.getText();
    String pwd = pwdTxt.getText();
    if (name == null || name.trim().length() == 0) {
        JOptionPane.showMessageDialog(null, "请输入用户名!");
        return;
    } else if (pwd == null || pwd.trim().length() == 0) {
        JOptionPane.showMessageDialog(null, "请输入密码!");
        return;
    } else {
        UserInfo u = userinfoDao.getUserByMobile(name);
```

```java
        if (u = = null) {
            JOptionPane.showMessageDialog(null,"用户名错误!");
            return;
        }
        if (! pwd.equals(u.getPwd())) {// 如果密码加密还需要先解密再比较
            JOptionPane.showMessageDialog(null,"登录密码错误!");
            return;
        }
        DataMapUtil.LOGIN_INFO.put(Constants.LOGIN_USER, u);
        login.dispose();
        IndexFrame frm = new IndexFrame();
    }
}
/* * * 登录事件 * /
private void loginEvent() {
    // 用户名输入框回车事件
    nameTxt.addActionListener(new ActionListener() {
        @Override
        public void actionPerformed(ActionEvent e) {
            login();
        }
    });
    // 密码输入框回车事件
    pwdTxt.addActionListener(new ActionListener() {
        @Override
        public void actionPerformed(ActionEvent e) {
            login();
        }
    });
    //登录按钮触发登录事件
```

```
btn.addActionListener(new ActionListener() {
    @Override
    public void actionPerformed(ActionEvent e) {
        login();
    }
});
}
```

2. 主界面

主界面显示仓库管理系统的功能模块。如图 4.2 所示：

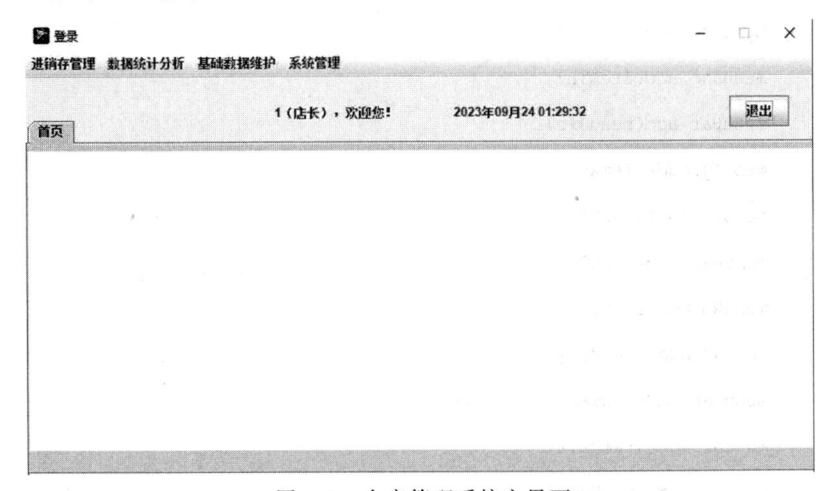

图 4.2　仓库管理系统主界面

主要代码：

```
/***菜单权限判断*/
private void checkRight(JMenuBar menuBar) {
    UserInfo u = DataMapUtil.LOGIN_INFO.get(Constants.LOGIN_USER);
    String role = u.getRole();
    if ("导购员".equals(role)) {
        menuJxc.add(itemSyt);
        menuJxc.add(itemRk);
```

```
            menuJxc.add(itemLl);
            menuBar.add(menuJxc);
            menuWh.add(itemFl);
            menuBar.add(menuJxc);
            menuBar.add(menuWh);
            menuGl.add(itemPwd);
            menuBar.add(menuGl);
        } else if ("店长".equals(role)) {
            menuJxc.add(itemSyt);
            menuJxc.add(itemRk);
            menuJxc.add(itemLl);
            menuJxc.add(itemTh);
            menuBar.add(menuJxc);
            menuTj.add(itemXs);
            menuTj.add(itemGz);
            menuBar.add(menuTj);
            menuWh.add(itemFl);
            menuWh.add(itemYg);
            menuBar.add(menuWh);
            menuGl.add(itemPz);
            menuGl.add(itemPwd);
            menuBar.add(menuGl);
        } else {//收银员
            menuJxc.add(itemSyt);
            menuBar.add(menuJxc);
            menuGl.add(itemPwd);
            menuBar.add(menuGl);
        }
    }
    /**给菜单绑定事件*/
```

```java
private void menuEvent() {
    // "员工管理"菜单绑定事件
    itemYg.addActionListener(new ActionListener() {
        @Override
        public void actionPerformed(ActionEvent e) {
            // TODO Auto-generated method stub
            UserFrame userFrm = new UserFrame();
        }
    });

    // "收银台"菜单绑定事件
    itemSyt.addActionListener(new ActionListener() {
        @Override
        public void actionPerformed(ActionEvent e) {
            CrashFrame frm = new CrashFrame();
        }
    });

    // "商品入库"菜单绑定事件
    itemRk.addActionListener(new ActionListener() {
        @Override
        public void actionPerformed(ActionEvent e) {
            GoodsStorageFrame frm = new GoodsStorageFrame();
        }
    });

    // "商品浏览"菜单绑定事件
    itemLl.addActionListener(new ActionListener() {
        @Override
        public void actionPerformed(ActionEvent e) {
            GoodsViewFrame frm = new GoodsViewFrame();
        }
    });
```

```java
//"商品退货"菜单绑定事件
itemTh.addActionListener(new ActionListener() {
    @Override
    public void actionPerformed(ActionEvent e) {
        GoodsReturnFrame frm = new GoodsReturnFrame();
    }
});

//"销售统计"菜单绑定事件
itemXs.addActionListener(new ActionListener() {
    @Override
    public void actionPerformed(ActionEvent e) {
        SaleStatisticFrame frm = new SaleStatisticFrame();
    }
});

//"工资核算"菜单绑定事件
itemGz.addActionListener(new ActionListener() {
    @Override
    public void actionPerformed(ActionEvent e) {
        PayStatisticFrame frm = new PayStatisticFrame();
    }
});

//"商品分类"菜单绑定事件
itemFl.addActionListener(new ActionListener() {
    @Override
    public void actionPerformed(ActionEvent e) {
        GoodsTypeFrame frm = new GoodsTypeFrame();
    }
});

//"系统配置"菜单绑定事件
```

```
itemPz.addActionListener(new ActionListener() {
    @Override
    public void actionPerformed(ActionEvent e) {
        ConfigFrame frm = new ConfigFrame();
    }
});
//"密码维护"菜单绑定事件
itemPwd.addActionListener(new ActionListener() {
        @Override
        public void actionPerformed(ActionEvent e) {
            PasswordFrame frm = new PasswordFrame();
        }
    });
logOut.addActionListener(new ActionListener() {
        @Override
        public void actionPerformed(ActionEvent e) {
            indexFrm.dispose();
            DataMapUtil.LOGIN_INFO.put(Constants.LOGIN_USER, null);
            LoginFrame login = new LoginFrame();
        }
    });
}
```

3. 货物信息管理

本界面显示货物商品分类管理的新增、查询、修改等模块。货物信息新增如图4.3所示,货物分类管理如图4.4所示。

◎ 程序设计项目实训与竞赛训练综合指导

图 4.3 货物信息新增功能

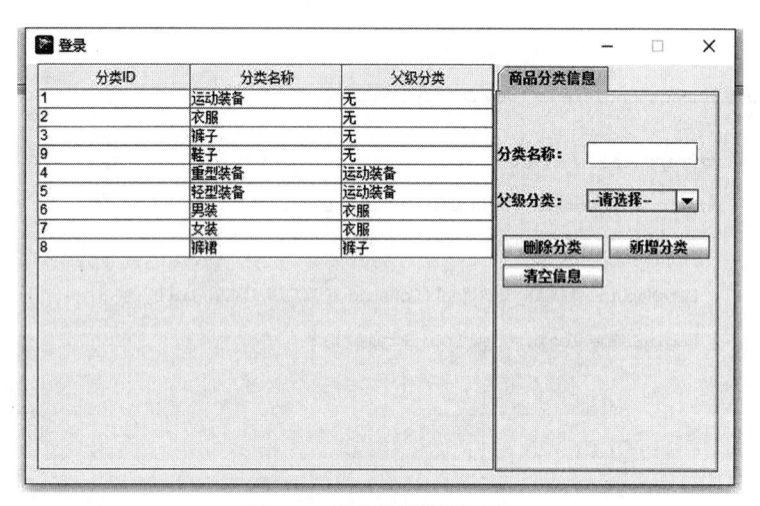

图 4.4 货物分类管理功能

主要代码：

/*查看商品分类信息列表*/

```
private void typeList() {
    String[] head = { "分类 ID","分类名称","父级分类" };
    Object data[][] = new Object[0][head.length];
    List<GoodsType> typeList = goodsTypeDao.getGoodsTypeList();
```

```java
        if (typeList ! = null) {
            data = new Object[typeList.size()][head.length];
            int i = 0;
            for (Iterator<GoodsType> iterator = typeList.iterator(); iterator.has-
Next();) {
                GoodsType type = (GoodsType) iterator.next();
                String pTypeName = "无";
                if (type.getParentType() ! = null &&
        StringUtils.isNotEmpty(type.getParentType().getTypeName())) {
                    pTypeName = type.getParentType().getTypeName();
                }
                data[i] = new Object[] { type.getTypeId(), type.getTypeName(),
pTypeName };
                i + + ;
            }
        }
        table = new JTable(data, head);
        int v = ScrollPaneConstants.VERTICAL_SCROLLBAR_AS_NEEDED;
        int h = ScrollPaneConstants.HORIZONTAL_SCROLLBAR_AS_NEEDED;
        listPanel = new JScrollPane(table, v, h);
        listPanel.setBounds(10, 0, 410, 350);
        this.add(listPanel);

        // new 新 table 时候,需要重新绑定事件,不然无法触发事件
        table.getSelectionModel().addListSelectionListener(new ListSelectionListener(){
            @Override
            public void valueChanged(ListSelectionEvent e) {
                int rowNo = table.getSelectedRow();// 获取选中的行号
                TableModel model = table.getModel();// 把 table 里的数据转存到 Model 里
                if(rowNo<0){//因为移除或添加表单行数据时会触发该事件,所以添加判断避免报错
                    return;
```

```java
            }
            int typeId = (int) model.getValueAt(rowNo, 0);
            GoodsType type = goodsTypeDao.getTypeById(typeId);
            if (type ! = null) {
                typeNameTxt.setText(type.getTypeName());
                if (type.getParentType() ! = null && type.getParentType().getTypeId() ! = 0) {
                    int num = parentTypeTxt.getItemCount();
                    for (int i = 0; i<num; i + + ) {
                        int id = parentTypeTxt.getItemAt(i).getTypeId();
                        if (type.getParentType().getTypeId() = = id) {
                            parentTypeTxt.setSelectedIndex(i);
                        }
                    }
                } else {
                    parentTypeTxt.setSelectedIndex(0);
                }
                editTypeId = type.getTypeId();
                addBtn.setText("修改分类");
            }
        }
    });
}

private void btnEvent() {
    delBtn.addActionListener(new ActionListener() {
        @Override
        public void actionPerformed(ActionEvent e) {
            int rowNo = table.getSelectedRow();
            if (rowNo<0) {
```

```java
                JOptionPane.showMessageDialog(null,"请选中要删除的分类信息!");
                return;
            } else {
                int sel = JOptionPane.showConfirmDialog(null,"确认要删除该分类信息吗?");
                if (sel = = 0) {
                    TableModel model = table.getModel();// 把 table 里的数据转存到 Model 里
                    int typeId = (int) model.getValueAt(rowNo, 0);
                    int childrenType = goodsTypeDao.getChildrenCount(typeId);
                    if (childrenType > 0) {
                        JOptionPane.showMessageDialog(null,"分类下有子分类存在不能删除!");
                        return;
                    }
                    int goodsNum = goodsDao.getGoodsCountByType(typeId);
                    if (goodsNum > 0) {
                        JOptionPane.showMessageDialog(null,"分类下有商品" + "" + "存在不能删除!");
                        return;
                    }
                    boolean ret = goodsTypeDao.deleteTypeById(typeId);// 具体调用删除数据库操作
                    if (ret) {
                        table.getSelectionModel().clearSelection();
                        editTypeId = 0;
                        typeNameTxt.setText("");
                        parentTypeTxt.setSelectedIndex(0);
                        addBtn.setText("新增分类");
                        closePa();
                        typeList();
                        JOptionPane.showMessageDialog(null,"分类信息删除成功!");
```

```
                    } else {
    JOptionPane.showMessageDialog(null,"分类信息删除失败!");
                    }
                }
            }
        }
    });
    addBtn.addActionListener(new ActionListener() {
        private Pattern patter;
        private Matcher matcher;
        @Override
        public void actionPerformed(ActionEvent e) {
            String name = typeNameTxt.getText();
            if (name = = null || name.trim().length() = = 0) {
                JOptionPane.showMessageDialog(null,"类型名称不能为空!");
                return;
            } else if (name.trim().length() > 20) {
                 JOptionPane.showMessageDialog(null,"类型名称字数不能超过 10 个汉字!");
                return;
            } else {
}
            GoodsType pType = (GoodsType) parentTypeTxt.getSelectedItem();
            int pTypeId = 0;
            if (pType ! = null && ! pType.getTypeName().contains("选择")) {
                pTypeId = pType.getTypeId();
            }
            boolean ret = false;
            String msg = "";
            if (editTypeId ! = 0) {// 编辑分类信息时候需要设置 id
```

```java
                ret = goodsTypeDao.updateGoodsType(name, pTypeId, editTypeId);
                msg = "编辑";
            } else {// 新增员工
                ret = goodsTypeDao.addGoodsType(name, pTypeId);
                msg = "新增";
            }
            if (ret) {
                JOptionPane.showMessageDialog(null, msg + "分类信息成功!");
                closePa();
                typeList();
            } else {
                JOptionPane.showMessageDialog(null, msg + "分类信息失败!");
            }
        }
    });
    cleanBtn.addActionListener(new ActionListener() {
        @Override
        public void actionPerformed(ActionEvent e) {
            int rowNo = table.getSelectedRow();
            if (rowNo<0) {
                return;
            }
    table.getSelectionModel().clearSelection();
            editTypeId = 0;
            typeNameTxt.setText("");
            parentTypeTxt.setSelectedIndex(0);
            addBtn.setText("新增分类");
        }
    });
}
```

```java
/**
 * 移除列表面板
 */
public void closePa() {
    this.remove(listPanel);
}
//货物信息查询

@Override
public List<GoodsType> getGoodsTypeList(int parentTypeId) {
    String sql = "SELECT s.TypeID, s.TypeName, s.TypeID as pid, s.TypeName as pname FROM t_goodstype s\r\n"
            + "LEFT JOIN t_goodstype p ON s.ParentID = p.TypeID\r\n" + " WHERE s.ParentID = ? ";
    List<Object> values = new ArrayList<Object>();
    values.add(parentTypeId);
    List<Map<String, Object>> ret = ExecuteCommon.queryDatas(sql, values);
    GoodsType goodsType = null;
    List<GoodsType> goodsTypeList = new ArrayList<GoodsType>();
    if (ret != null && ret.size() > 0) {
        for (Iterator<Map<String, Object>> iterator = ret.iterator(); iterator.hasNext();) {
            Map<String, Object> map = (Map<String, Object>) iterator.next();
            goodsType = new GoodsType();
            for (Iterator<Entry<String, Object>> ite = map.entrySet().iterator(); ite.hasNext();) {
                Entry<String, Object> entry = (Entry<String, Object>) ite.next();
                if ("TypeID".equals(entry.getKey())) {
                    goodsType.setTypeId((int) entry.getValue());
                }
                if ("TypeName".equals(entry.getKey())) {
```

```
            goodsType.setTypeName((String) entry.getValue());
        }
        GoodsType pType = new GoodsType();
        if ("pid".equals(entry.getKey())) {
            pType.setTypeId(((int) entry.getValue()));
        }
        if ("pname".equals(entry.getKey())) {
            pType.setTypeName((String) entry.getValue());
        }
        goodsType.setParentType(pType);
    }
    goodsTypeList.add(goodsType);
    }
}
return goodsTypeList;
}
```

4. 货物入库出库管理

货物入库出库实现机制相似，以货物入库管理为例，货物入库管理界面如图 4.5 所示。

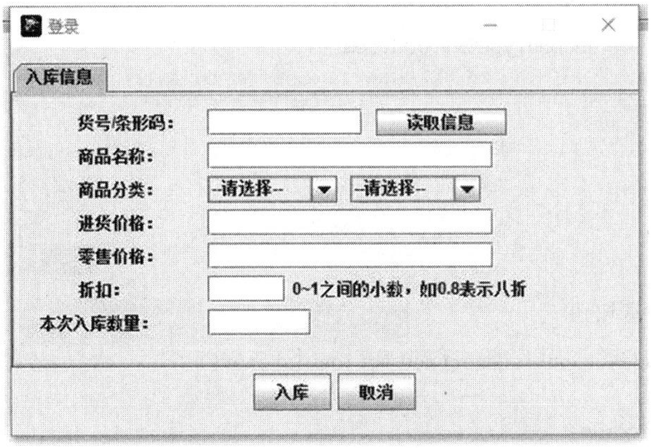

图 4.5　货物入库管理

主要代码：

```
/*按钮绑定触发事件*/
private void btnEvent() {
    // 级联菜单事件
    firstTypeTxt.addItemListener(new ItemListener() {
        @Override
        public void itemStateChanged(ItemEvent e) {
            GoodsType type = (GoodsType) e.getItem();
            if (type == null || type.getTypeId() == 0) {
                secondTypeTxt.removeAllItems();
                return;
            }
            List<GoodsType> types = goodsTypeDao.getGoodsTypeList(type.getTypeId());
            secondTypeTxt.removeAllItems();
            // 从数据库查询
            GoodsType u = new GoodsType("--请选择--");
            secondTypeTxt.addItem(u);
            if (types != null && types.size() > 0) {
                for (Iterator<GoodsType> ite = types.iterator(); ite.hasNext();) {
                    GoodsType t = (GoodsType) ite.next();
                    t.setParentType(type);
                    secondTypeTxt.addItem(t);
                }
            }
        }
    });
    // 读取信息按钮
    readBtn.addActionListener(new ActionListener() {
        @Override
        public void actionPerformed(ActionEvent e) {
```

```java
String barCode = codeTxt.getText();
String code = codeTxt.getText();
Goods goods;
if (code = = null || code.trim().length() = = 0) {
    JOptionPane.showMessageDialog(null,"请输入货品条码!");
    return;
} else {
    goods = goodsDao.getGoodsByBarCode(barCode);
}
if (goods ! = null) {
    editGoods = goods;
    goodsNameTxt.setText(goods.getGoodsName());
    buyTxt.setText(goods.getStorePrice() + "");
    saleTxt.setText(goods.getSalePrice() + "");
    discountTxt.setText(goods.getDiscount() + "");
    stoNumTxt.setText(0 + "");
    GoodsType s = goods.getGoodsType();
    GoodsType f = goods.getGoodsType().getParentType();
    int fTypeNum = firstTypeTxt.getItemCount();
    for (int i = 0; i<fTypeNum; i + +) {
        int id = firstTypeTxt.getItemAt(i).getTypeId();
        if (f ! = null && f.getTypeId() = = id) {
            firstTypeTxt.setSelectedIndex(i);
            break;
        }
    }
    
    int sTypeNum = secondTypeTxt.getItemCount();
    for (int i = 0; i<sTypeNum; i + +) {
        int id = secondTypeTxt.getItemAt(i).getTypeId();
        if (f ! = null && s.getTypeId() = = id) {
```

```
                secondTypeTxt.setSelectedIndex(i);
                break;
            }
        }
        kcTip.setText("当前库存数量:" + goods.getStockNum());
        kcTip.setVisible(true);
    }
  }
});

// 入库按钮
storageBtn.addActionListener(new ActionListener() {
    private Pattern patter;
    private Matcher matcher;
    @Override
    public void actionPerformed(ActionEvent e) {
        Goods goods = new Goods();
        String code = codeTxt.getText();
        if (code == null || code.trim().length() == 0) {
            JOptionPane.showMessageDialog(null,"请输入货品条码!");
            return;
        } else if (code.trim().length() > 15) {
            JOptionPane.showMessageDialog(null,"货品条码的长度不能超过15位!");
            return;
        } else {
            goods.setBarCode(code);
        }
        Goods go = goodsDao.getGoodsByBarCode(code.trim());
        if (go ! = null && editGoods == null){//不是点"读取信息"调出的货品信息
            JOptionPane.showMessageDialog(null,"货品条码重复,请重新输入或直
```

接调出货品信息!");

            return;
        }
        String name = goodsNameTxt.getText();
        if (name = = null || name.trim().length() = = 0) {
            JOptionPane.showMessageDialog(null,"请输入货品名称!");
            return;
        } else if (name.trim().length() > 25) {
            JOptionPane.showMessageDialog(null,"货品名称字数不能超过 10 个汉字!");
            return;
        } else {
            goods.setGoodsName(name);
        }

        GoodsType sType = (GoodsType) secondTypeTxt.getSelectedItem();
        if (sType ! = null && sType.getParentType() ! = null
                && sType.getParentType().getTypeName().toString().contains("选择")) {
            JOptionPane.showMessageDialog(null,"请选择分类!");
            return;
        } else {
            goods.setGoodsType(sType);
        }

        String buy = buyTxt.getText();
        String salaryReg = "[1-9]\\d * |[1-9]\\d * \\.[0-9]{1,2}";
        patter = Pattern.compile(salaryReg);
        matcher = patter.matcher(buy);
        if (! matcher.matches()) {
            JOptionPane.showMessageDialog(null,"请填写进货价格,且只能是整数或包含 1-2 位小数的数字!");

```
            return;
        } else {
            goods.setStorePrice(Float.parseFloat(buy));
        }
        String sale = saleTxt.getText();
        patter = Pattern.compile(salaryReg);
        matcher = patter.matcher(sale);
        if (! matcher.matches()) {
            JOptionPane.showMessageDialog(null, "请填写零售价格,且只能是整数或包含 1-2 位小数的数字!");
            return;
        } else {
            goods.setSalePrice(Float.parseFloat(sale));
        }
        String discount = discountTxt.getText();
        String discountReg = "(0\\.([1-9]\\d? |[0-9][1-9])|1|1.0)";
        patter = Pattern.compile(discountReg);
        matcher = patter.matcher(discount);
        if (! matcher.matches()) {
            JOptionPane.showMessageDialog(null, "请填写折扣,且只能是 0 到 1(包括 1)之间 1 位小数的数字!");
            return;
        } else {
            goods.setDiscount(Float.parseFloat(discount));
        }
        String stoNum = stoNumTxt.getText();
        String stoNumReg = "[1-9]\\d*";
        patter = Pattern.compile(stoNumReg);
        matcher = patter.matcher(stoNum);
        if (! matcher.matches()) {
```

```java
            JOptionPane.showMessageDialog(null,"请填写本次入库数量!");
            return;
        } else {
            goods.setStockNum(Integer.parseInt(stoNum));
        }
        goods.setStockDate(new Date());
        boolean ret = false;
        String msg = "";
        if (editGoods ! = null) {// 编辑货品信息时候需要设置id
            int num = Integer.parseInt(stoNum) + editGoods.getStockNum();
            goods.setStockNum(num);
            ret = goodsDao.updateStoreNum(editGoods.getGoodsId(), num);
            msg = "编辑";
        } else {// 新增货品
            ret = goodsDao.addGoods(goods);
            msg = "新增";
        }
        if (ret) {
            JOptionPane.showMessageDialog(null, msg + "入库数量成功!");
            kcTip.setText("当前库存数量:" + goods.getStockNum());
        } else {
            JOptionPane.showMessageDialog(null, msg + "货品入库失败!");
        }
        }
    }
});

// 取消按钮
cancelBtn.addActionListener(new ActionListener() {
    @Override
    public void actionPerformed(ActionEvent e) {
        storageFrame.dispose();
```

```
        }
    });
}
```

5. 货物报废管理

货物报废管理界面如图 4.6 所示。

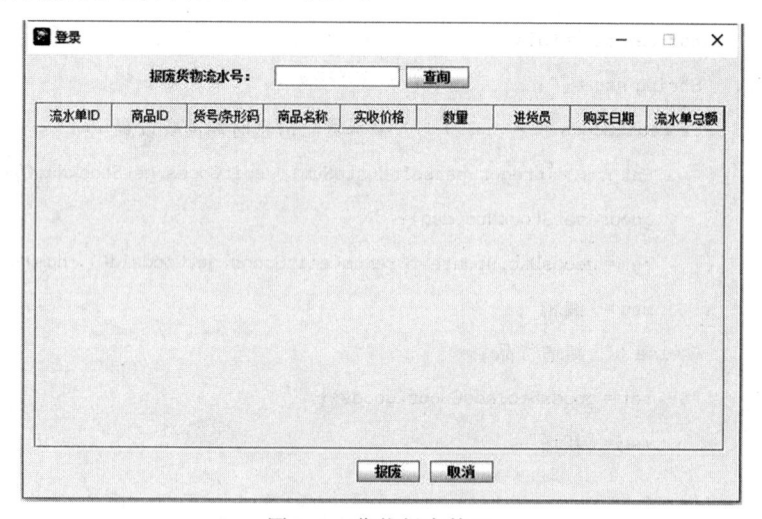

图 4.6 货物报废管理

主要代码：

```
/*按钮绑定触发事件*/
private void btnEvent() {
    // 查询按钮
    queryBtn.addActionListener(new ActionListener() {
        @Override
        public void actionPerformed(ActionEvent e) {
            String rcode = numberTxt.getText();
            if (! StringUtils.isNotEmpty(rcode)) {
                JOptionPane.showMessageDialog(null, "请输入小票流水号!");
                return;
```

```
            }
            List<SalesDetail> sds = salesDetailDao.getSaleGoodsByCode(rcode);
            float saleAmount = 0f;
            for (SalesDetail g : sds) {
                saleAmount = g.getSales().getAmount();
                Vector row = copyToVector(g);
                model.addRow(row);
            }
            dealLbl.setText("交易金额：¥" + saleAmount);
        }
    });
// 报废按钮
    returnBtn.addActionListener(new ActionListener() {
        @Override
        public void actionPerformed(ActionEvent e) {
            int rowNo = table.getSelectedRow();// 获取选中的行号
            if (rowNo<0) {
            if (rowNo<0) {
                JOptionPane.showMessageDialog(null, "请选择要报废的商品！");
                return;
            }
            int saleId = (int) model.getValueAt(rowNo, 0);
            int goodsId = (int) model.getValueAt(rowNo, 1);
            boolean delRet = salesDetailDao.deleteSaleDetail(saleId, goodsId);
            int returnNum = (int) model.getValueAt(rowNo, 5);
            if (delRet) {// 报废成功更新库存
                goodsDao.returnStoreNum(goodsId, returnNum);// 更新库存
                model.removeRow(rowNo);
            }
            int tableRows = model.getRowCount();
```

```
        if(tableRows<=0){// 收银单下的商品移除完后将收银单删除
            salesDetailDao.deleteSale(saleId);
        }
        JOptionPane.showMessageDialog(null,"报废成功!");
    }
});
// 取消按钮
cancelBtn.addActionListener(new ActionListener(){
    @Override
    public void actionPerformed(ActionEvent e){
        returnFrame.dispose();
    }
});
}
```

4.5 实训题目讲解——院部图书管理系统

4.5.1 需求分析

"院部图书管理系统"包括三大模板:图书基础信息管理、学生信息管理、图书借阅信息的日常管理。

(1)图书基础信息管理。主要包括图书信息新增、信息查找、信息修改及删除等功能。

(2)学生基础信息管理。完成学生基础信息的新增、修改、查询及删除等功能。

(3)图书借阅信息的日常管理。主要包括图书借阅、图书归还、图书借阅记录查询等功能。

高级需求:

(1)界面友好。

（2）对图书信息的查询提供多种查询方式（如按编号查询、按图书名称查询、作者查询等）。

（3）对图书实现统计查询功能，如按借阅次数统计查询、按在库与出库（处于借阅状态）模式统计查询等；

4.5.2 核心代码

1. 登录界面

本系统启动后进入登录界面，如图4.7所示。

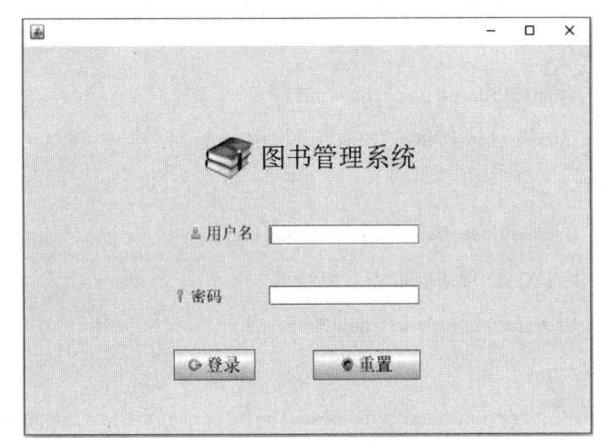

图4.7 院部图书管理系统登录界面

主要代码：

```
/*登录事件处理 * @param evt */
    protected void Go_Login(ActionEvent evt) {
// 获取组件信息
        String userName = textField_UserName.getText();
//试用newString将char[]转换成字符串
        String passWrod = new String(passwordField_passWord.getPassword());
        /**
         * 非空验证,这里是用的jdbc里的非空验证,在工具类里也自定义了StingUtil工具类,但是这里没有使用 */
```

```java
            if (StringUtils.isNullOrEmpty(userName)) {
//  提示框输出
                JOptionPane.showMessageDialog(null,"用户名不能为空");
            } else if (StringUtils.isNullOrEmpty(passWrod)) {
//  提示框输出
                JOptionPane.showMessageDialog(null,"密码不能为空");
            } else {
// 通过非空验证,开始登录逻辑判断
                User view_user = new User(userName, passWrod);
//将前台获取的信息传值给一个 user 对象,用来数据库查询
//  连接数据库
                Connection connection = null;
                connection = DBUtil.getConnection();
//  查询数据库
                UserDao userDao = new UserDao();
// 创建一个 User 对象,用来获取查询的结果
                User res_userUser = new User();
                try {
                    res_userUser = userDao.login(connection, view_user);
// 判断从数据库查询的数据是否位空
                    if (res_userUser ! = null) {
//  登录成功,跳转页面操作
                        dispose();//销毁当前页面
//  打开主界面
                        Swing_mainFrm swing_mainFrm = new Swing_mainFrm();
                        swing_mainFrm.frame.setVisible(true);
                    } else {
                        JOptionPane.showMessageDialog(null,"用户名或者密码错误~~");
//  调用重置方法
```

```
                this.Reset(evt);

            }

        } catch (SQLException e) {

            e.printStackTrace();

        }

    }

}
/*重置事件实现 * @param e */
protected void Reset(ActionEvent evt) {
    textField_UserName.setText("");
    passwordField_passWord.setText("");
}
}
```

2. 学生信息查询

此模块可以通过学生编号查询该学生的基本信息。如图 4.8 所示。

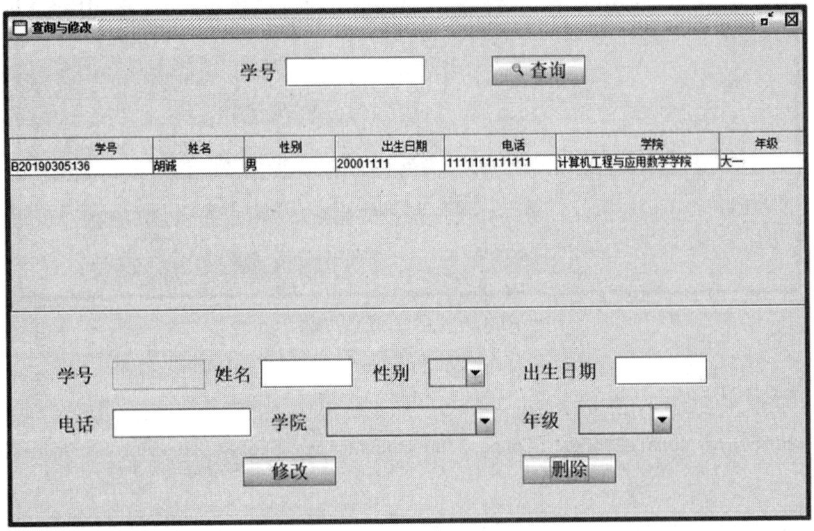

图 4.8 学生信息查询

主要代码：

```
public ResultSet showstudent(Connection connection ,String ID) throws SQLException {
    StringBuffer sBuffer  = new StringBuffer("select * from t_student where ID = '" + ID+ "'");
    PreparedStatement preparedStatement= connection.prepareStatement(sBuffer.toString());
    System.out.println("sql 语句:"+ sBuffer.toString());
    return  preparedStatement.executeQuery();
}
```

3. 学生信息更新

此模块可以修改学生除编号外的基本信息。如图 4.9 所示。

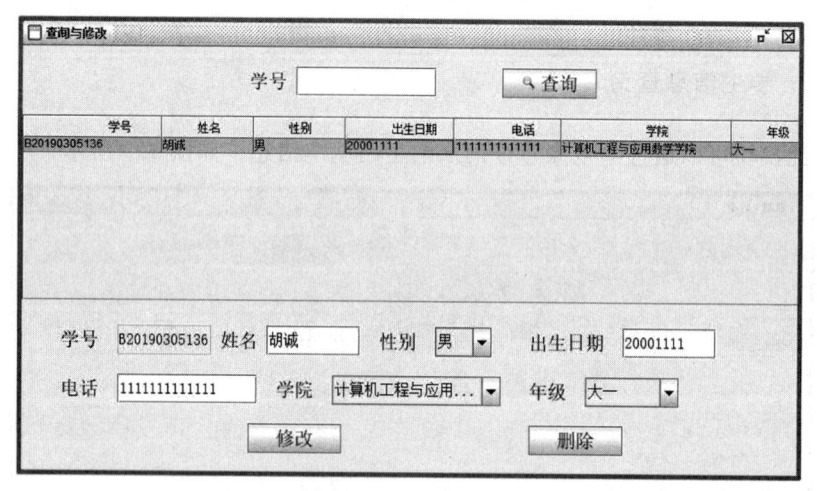

图 4.9　学生信息更新

主要代码：

```
public void updatestudent(Connection connection ,Student student) throws SQLException {
    String updateSQL = "update t_student set ID = ? , Name = ? , Sex = ? , Birthday = ? , Tel = ? , Department = ? , Grade = ? where ID = ?";
```

```
PreparedStatement ps = connection.prepareStatement(updateSQL);
ps.setString(1, student.getID());
ps.setString(2, student.getName());
ps.setString(3, student.getSex());
ps.setString(4, student.getBirthday());
ps.setString(5, student.getTel());
ps.setString(6, student.getDepartment());
ps.setString(7, student.getGrade());
ps.setString(8, student.getID());
System.out.println("当前执行的修改 sql:" + ps);
ps.executeUpdate();
}
```

4. 图书信息新增

图书信息新增如图 4.10 所示。

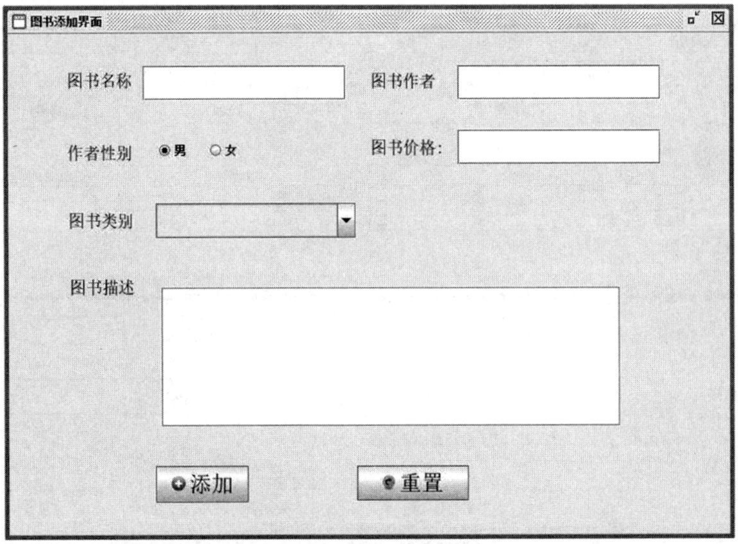

图 4.10 图书信息新增

主要代码：

/ * * 图书添加 * @param connection * @param book * @return * @throws SQLExcep-

```
tion  */
    public int addBook( Connection connection,Book book) throws SQLException  {
        String sqlString  = "insert into t_book values (null,?,?,?,?,?,?) ";
        PreparedStatement ps = connection.prepareStatement(sqlString);
        ps.setString(1, book.getbookNameString());
        ps.setString(2, book.getAutherString());
        ps.setString(3, book.getSex());
        ps.setFloat(4, book.getPriceFloat());
        ps.setInt(5, book.getBookTypeId());
        ps.setString(6, book.getBookDescString());
        return ps.executeUpdate();
    }
```

5. 图书信息更新

图书信息更新如图 4.11 所示。

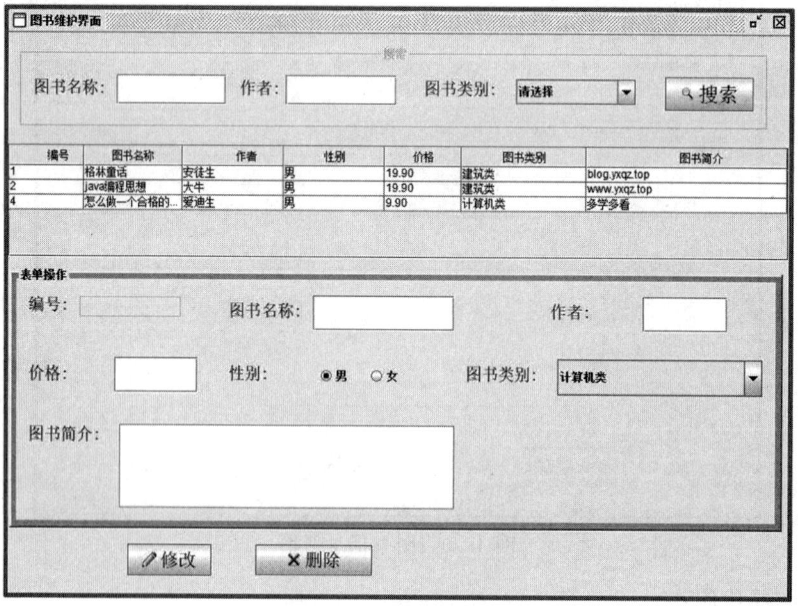

图 4.11　图书信息更新

主要代码：

```
/* 图书信息维护 * @param connection * @return * @throws SQLException */
public int updateBook(Connection connection,Book book) throws SQLException {
    String sqlString = "update t_book set bookName = ? ,auther = ?,sex = ?,price = ?,bookTypeId = ?,bookDesc = ? where id = ?";
    PreparedStatement ps = connection.prepareStatement(sqlString);
    ps.setString(1, book.getbookNameString());
    ps.setString(2, book. getAutherString());
    ps.setString(3, book. getSex());
    ps.setFloat(4, book.getPriceFloat());
    ps.setInt(5, book.getBookTypeId());
    ps.setString(6, book.getBookDescString());
    ps.setInt(7, book. getId());
    return ps.executeUpdate();
}
```

6. 图书信息删除

图书信息删除如图4.12所示。

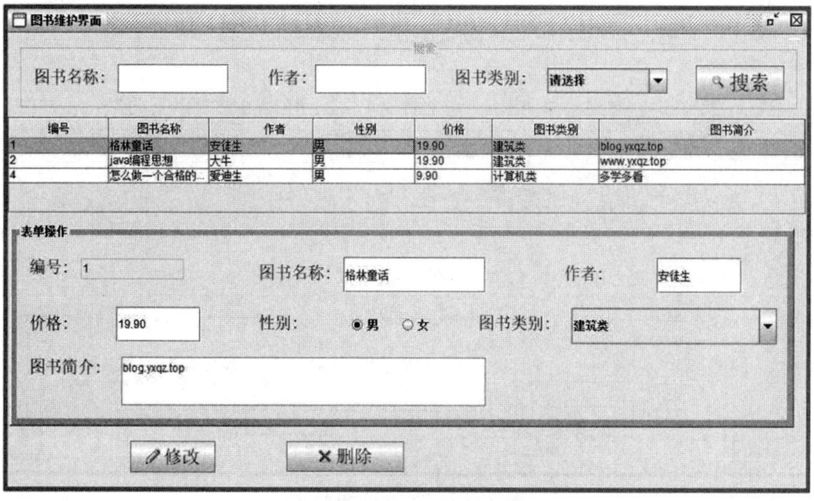

图4.12 图书信息删除

主要代码：

/* 删除图书

* @param connection

* @param book_id 图书的 id

　* @return

　* @throws SQLException

　*/

　public int deleteBook(Connection connection, int book_id) throws SQLException {

　　　String sqlString = "delete from t_book where id = ?";

//　　　使用 parepareStatement 写入 sql

　　　PreparedStatement ps = connection.prepareStatement(sqlString);

　　　ps.setInt(1, book_id);

　　　return ps.executeUpdate();

　}

7. 图书借阅管理

本界面显示图书借阅的基本模块功能。如图 4.13 所示。

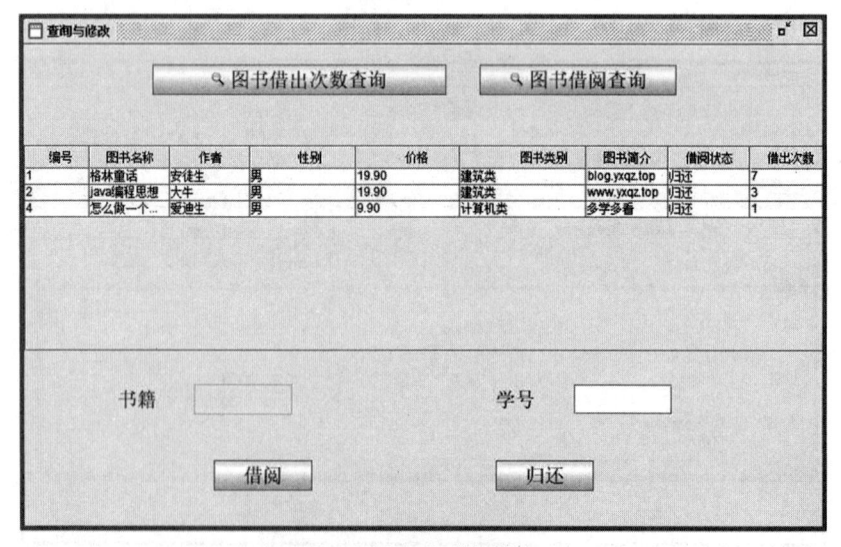

图 4.13　图书借阅管理

主要代码：

```java
public BookmanageFrm() {
    setClosable(true);
    setIconifiable(true);
    setTitle("查询与修改");
    setLayout(null);
    setBounds(450, 100, 1000, 700);

    JLabel lblNewLabel1 = new JLabel("书籍");
    lblNewLabel1.setFont(new Font("宋体", Font.PLAIN, 20));
    lblNewLabel1.setBounds(200, 500, 100, 30);
    add(lblNewLabel1);
    aTextField = new JTextField();
    aTextField.setEditable(false);
    aTextField.setColumns(20);
    aTextField.setBounds(280, 500, 100, 30);
    add(aTextField);

    JLabel lblNewLabel2 = new JLabel("学号");
    lblNewLabel2.setFont(new Font("宋体", Font.PLAIN, 20));
    lblNewLabel2.setBounds(600, 500, 100, 30);
    add(lblNewLabel2);
    bTextField = new JTextField();
    bTextField.setColumns(10);
    bTextField.setBounds(680, 500, 100, 30);
    add(bTextField);

    String[] columnNames = {"编号","图书名称","作者","性别","价格","图书类别","图书简介","借阅状态","借出次数"};
    tableModel = new DefaultTableModel(columnNames, 0);
    table = new JTable(tableModel);
    JScrollPane scrollPane = new JScrollPane(table);   //支持滚动
```

```java
getContentPane().add(scrollPane);
scrollPane.setBounds(0, 100, 1000, 350);
scrollPane.setViewportView(table);
add(scrollPane);
table.getColumnModel().getColumn(0).setPreferredWidth(358);
table.getColumnModel().getColumn(1).setPreferredWidth(164);
table.getColumnModel().getColumn(2).setPreferredWidth(164);
table.getColumnModel().getColumn(3).setPreferredWidth(250);
table.getColumnModel().getColumn(4).setPreferredWidth(250);
table.getColumnModel().getColumn(5).setPreferredWidth(358);
table.getColumnModel().getColumn(6).setPreferredWidth(164);
table.getColumnModel().getColumn(7).setPreferredWidth(164);
table.getColumnModel().getColumn(8).setPreferredWidth(164);
table.setSelectionMode(ListSelectionModel.SINGLE_SELECTION);    //单选
table.addMouseListener(new MouseAdapter() {    //鼠标事件
    public void mouseClicked(MouseEvent e) {
        int selectedRow = table.getSelectedRow();//获得选中行索引
        Object Name = tableModel.getValueAt(selectedRow, 1);
        aTextField.setText(Name.toString());
    }
});

final JButton queryByStatusButton = new JButton("图书借阅查询");    //添加按钮
queryByStatusButton.setIcon(new ImageIcon(StudentAddInterFrm.class.getResource("/images/search.png")));
queryByStatusButton.addActionListener(new ActionListener() {//添加事件
    public void actionPerformed(ActionEvent evt) {
        DefaultTableModel tableModel = (DefaultTableModel) table.getModel();
```

```java
tableModel.setRowCount(0);// 设置成 0 行 清空表格
// 连接数据库
Connection connection = DBUtil.getConnection();
RecodeDao recodeDao = new RecodeDao();
try {
        ResultSet bookResultSet = recodeDao.showAllBooksByStatus(connection);
        while (bookResultSet.next()) {
            Vector<String> vector = new Vector<String>();
            vector.add(bookResultSet.getString("id"));
            vector.add(bookResultSet.getString("bookName"));
            vector.add(bookResultSet.getString("auther"));
            vector.add(bookResultSet.getString("sex"));
            vector.add(bookResultSet.getString("price"));
            vector.add(bookResultSet.getString("bookTypeName"));
            vector.add(bookResultSet.getString("bookDesc"));
            if (bookResultSet.getString("bookstatus").equals("1")) {
                vector.add("借阅");
            } else {
                vector.add("归还");
            }
            vector.add(bookResultSet.getString("brrorw"));
            tableModel.addRow(vector);// 将数据添加行
        }
} catch (SQLException e) {
    e.printStackTrace();
} finally {
// 关闭数据库连接
    DBUtil.closeMysql(connection, null);
}
```

```
            }
        });
        queryByStatusButton.setBounds(600, 20, 200, 30);
        queryByStatusButton.setFont(new Font("宋体", Font.PLAIN, 20));
        add(queryByStatusButton);
        final JButton queryByRecodeButton = new JButton("图书借出次数查询");
//添加按钮
        queryByRecodeButton.setIcon(new ImageIcon(StudentAddInterFrm.class.getResource("/images/search.png")));
        queryByRecodeButton.addActionListener(new ActionListener() {//添加事件
            public void actionPerformed(ActionEvent evt) {
                DefaultTableModel tableModel = (DefaultTableModel) table.getModel();
                tableModel.setRowCount(0);// 设置成 0 行 清空表格
                // 连接数据库
                Connection connection = DBUtil.getConnection();
                RecodeDao recodeDao = new RecodeDao();
                try {
                    ResultSet bookResultSet = recodeDao.showAllBooksByBrrorw(connection);
                    while (bookResultSet.next()) {
                        Vector<String> vector = new Vector<String>();
                        vector.add(bookResultSet.getString("id"));
                        vector.add(bookResultSet.getString("bookName"));
                        vector.add(bookResultSet.getString("auther"));
                        vector.add(bookResultSet.getString("sex"));
                        vector.add(bookResultSet.getString("price"));
                        vector.add(bookResultSet.getString("bookTypeName"));
                        vector.add(bookResultSet.getString("bookDesc"));
                        if (bookResultSet.getString("bookstatus").equals("1")) {
```

```
            vector.add("借阅");
        } else {
            vector.add("归还");
        }
        vector.add(bookResultSet.getString("brrorw"));
        tableModel.addRow(vector);// 将数据添加行
    } catch (SQLException e) {
        e.printStackTrace();
    } finally {
//      关闭数据库连接
        DBUtil.closeMysql(connection, null);
    }
  }
});
queryByRecodeButton.setBounds(250, 20, 300, 30);
queryByRecodeButton.setFont(new Font("宋体", Font.PLAIN, 20));
add(queryByRecodeButton);
final JButton updateButton = new JButton("借阅");    //修改按钮
updateButton.addActionListener(new ActionListener() {//添加事件
    public void actionPerformed(ActionEvent e) {
        {
            tableModel = (DefaultTableModel) table.getModel();
            tableModel.setRowCount(0);// 设置成 0 行 清空表格
            Connection connection = DBUtil.getConnection();
            RecodeDao recodeDao = new RecodeDao();
            ResultSet studentResultSet = null;
            ResultSet bookResultSet = null;
            String name = "";
            String brrorw = "";
            try {
```

```java
                            if (bTextField.getText().isEmpty()) {
JOptionPane.showMessageDialog(null, "请填写学号");
    } else {
studentResultSet = recodeDao.searchStudent(connection, bTextField.getText());
while (studentResultSet.next()) {
    name = tudentResultSet.getString("id");
bookResultSet = recodeDao.showBooks(connection, aTextField.getText());
                        while (bookResultSet.next()) {
brrorw = bookResultSet.getString("brrorw");
   System.out.println(brrorw);
 }
      if (name ！= null) {
recodeDao.rentBook(connection, aTextField.getText(), brrorw);
// 获取当前日期
Date currentDate = new Date();
// 格式化日期为字符串
SimpleDateFormat dateFormat = new SimpleDateFormat("yyyyMMdd HH:mm:ss");
String formattedDate = dateFormat.format(currentDate);
                        recodeDao.addRecode(connection, aTextField.getText(), bTextField.getText(), formattedDate);
      } else {
JOptionPane.showMessageDialog(null, "学号错误");
         }
  }
   } catch (SQLException sqlException) {
sqlException.printStackTrace();
           } finally {
//     关闭数据库连接
                DBUtil.closeMysql(connection, null);
                }
```

```
                aTextField.setText(null);
                bTextField.setText(null);
                initTable();
            }
        }
    });
updateButton.setBounds(300, 600, 100, 30);
updateButton.setFont(new Font("宋体", Font.PLAIN, 20));
add(updateButton);
final JButton delButton = new JButton("归还");
delButton.addActionListener(new ActionListener() {//添加事件
            public void actionPerformed(ActionEvent e) {
                tableModel = (DefaultTableModel) table.getModel();
                tableModel.setRowCount(0);// 设置成 0 行 清空表格
                Connection connection = DBUtil.getConnection();
                RecodeDao recodeDao = new RecodeDao();
                ResultSet bookResultSet = null;
    String BorrowID = "";
    String name = "";
    try {
        bookResultSet = recodeDao.searchStudent(connection, bTextField.getText());
                while (bookResultSet.next()) {
                    name = bookResultSet.getString("id");
                }
                if (name ! = null) {
                    recodeDao.returnBook(connection, aTextField.getText());
// 获取当前日期
Date currentDate = new Date();
// 格式化日期为字符串
                    SimpleDateFormat dateFormat = new SimpleDateFormat("
```

```
yyyyMMdd HH:mm:ss");
    String formattedDate = dateFormat.format(currentDate);
    ResultSet ResultSet = recodeDao.SelectRecode(connection, aTextField.getText(),
bTextField.getText());
        while (ResultSet.next()) {
    BorrowID = ResultSet.getString("BorrowingID");
    }
    System.out.println(BorrowID);
    recodeDao.UpdateRecode(connection, BorrowID,formattedDate);
                }
            } catch (SQLException sqlException) {
                sqlException.printStackTrace();
            } finally {
//      关闭数据库连接
    DBUtil.closeMysql(connection, null);
                }
    aTextField.setText(null);
                bTextField.setText(null);
                initTable();
            }
        });
        delButton.setBounds(600, 600, 100, 30);
        delButton.setFont(new Font("宋体", Font.PLAIN, 20));
        add(delButton);
        setVisible(true);
        initTable();
    }
    private void initTable() {
        DefaultTableModel tableModel = (DefaultTableModel) table.getModel();
        tableModel.setRowCount(0);// 设置成 0 行 清空表格
```

第 4 章 软件工程基础实训 I

```
// 连接数据库
Connection connection = DBUtil.getConnection();
RecodeDao recodeDao = new RecodeDao();
try {
    ResultSet bookResultSet = recodeDao.showAllBooks(connection);
    while (bookResultSet.next()) {
        Vector<String> vector = new Vector<String>();
        vector.add(bookResultSet.getString("id"));
        vector.add(bookResultSet.getString("bookName"));
        vector.add(bookResultSet.getString("auther"));
        vector.add(bookResultSet.getString("sex"));
        vector.add(bookResultSet.getString("price"));
        vector.add(bookResultSet.getString("bookTypeName"));
        vector.add(bookResultSet.getString("bookDesc"));
        if (bookResultSet.getString("bookstatus").equals("1")) {
            vector.add("借阅");
        } else {
            vector.add("归还");
        }
        vector.add(bookResultSet.getString("brrorw"));
        tableModel.addRow(vector);// 将数据添加行
    }
} catch (SQLException e) {
    e.printStackTrace();
} finally {
    // 关闭数据库连接
    DBUtil.closeMysql(connection, null);
}
```

第 5 章 软件工程基础实训 Ⅱ

5.1 定位和教学目标

《软件工程基础实训Ⅱ》是相关专业必修基础课,是在前期《软件工程基础实训Ⅰ》课程 Java 基础知识的学习和后续 Java 企业级应用学习两个阶段的一个衔接实践课程。主要内容包括 Java 集合框架、Java 泛型机制、Java 多线程机制、Java 网络机制、Java 数据库编程等。课程教学的目的是使学生在初步掌握 Java 的基础知识和技能之后,进一步熟悉理解并能够应用面向对象高级编程的方法,具备解决一般应用问题的能力。学生通过本课程的学习,可以熟悉面向对象高级程序设计的基本概念;认识面向对象程序设计复杂方法及过程,为后续学习应用面向对象的框架技术奠定扎实的基础。

5.2 教学内容

随着信息技术的迅猛发展,计算机科技与餐饮业务有机结合,实现了从点菜到结账再到数据统计等多个环节的信息化管理,这使餐饮企业能更好地了解市场需求，制定营销策略，提高工作效率，信息化管理系统还在人员管理、成本控制、库存管理等方面发挥了积极作用，为餐饮企业的可持续发展打下坚实基础。

学生需根据给定设计题的具体要求完成任务，要求做好需求调查，系统分析和设计，画出流程图；用 Eclipse 作为开发工具，设计开发一个基于 C/S 架构的小型餐饮管理系统，撰写设计说明书，内容包括开发背景、系统需求、系统设计、系统测试、关键技术、结论、参考文献等部分；完成设计答辩。

5.2.1 具体技术规范要求

（1）以 Eclipse 作为开发工具来实现管理系统。

（2）管理系统都要通过远程登录功能模块进入系统主界面；系统能够根据用户属性分配不同的用户权限，进入不同的业务界面操作不同的业务模块。

（3）设计餐饮管理系统的数据库，能够通过 JDBC 常用类和接口进行数据访问和处理，完成数据的新增，修改，查询等。

（4）利用 Java 的 GUI 类设计开发友好的人机接口，主要界面窗口包含 6 大功能模块。

1）员工管理。对员工实现增删改查。

2）客户管理。对客户实现增删改查。

3）餐台管理。对餐台实现增删改查。

4）菜品管理。对菜品分类、菜品实现增删改查。

5）点菜管理。服务员对某客户、某一空闲餐台实行开台，同时实现点菜，将餐台号与所点的菜品对应起来，分别显示出来，并记录开台时间。

6）结账管理。收银员对某一餐台消费的菜品清单进行统计，得到消费金额，通过手动输入实收金额进行找零的计算，显示完成结账的操作。

（5）选做扩展功能模块。

1）菜品推荐。根据客户的点单历史，为用户推荐合适的菜品，或者根据菜品的属性，如是否新品，是否爆款等为用户推荐相关菜品。

2) 销售统计。统计客户的购买情况，菜品的销售情况等。

5.2.2 具体实施过程要求

本实训课程需要遵循以下开发流程：

(1) 需求分析。根据具体的课题需求，确定程序应具有哪些功能模块、界面应该具有哪些提示信息，同时进行文献查阅，根据所要求的功能确定编程思路和方案，找到相应的技术资料和参考文献，熟悉整个系统功能模块代码之间的联系。

(2) 概要设计。由于课题的实现代码行数多，建议在编写代码前，将程序分成几个模块来设计，这样便于阅读、分析和调试。可以将特定的功能模块设计成函数，画出主程序和各个功能模块程序的流程图。

(3) 详细设计。根据程序的流程图，用 GUI 技术与数据库技术编程实现。编程时，应该注意程序要精简、可读性强、算法设计合理，代码中必须包含详细的注释，模块或函数要有详细的功能、参数、返回值的说明。

(4) 上机调试。调试时，主要观察模块功能是否正确是否完善，各模块之间的关联是否符合逻辑，否则，需要修改源程序，然后重新编译调试，直到符合课题要求为止。

5.3 主要技术解析

5.3.1 需求分析

本餐饮管理系统采用 Java 语言进行开发，JDK 采用 1.8，开发工具使用 IntelliJ IDEA，数据库使用 MySQL 5.6。根据该企业的具体情况，系统主要功能设计有六大部分，分别为员工管理、客户管理、餐台管理、菜品管理、点菜管理、结账管理。

5.3.2 系统数据库设计

经过分析,系统数据库的基础表设计分别如下表所示,包括 User 用户表、Employee 员工信息表、Customer 客户信息表、Category 菜品分类表、Dish 菜品信息表、Desk 餐台信息表、Order 订单信息表以及 Orderitem 订单明细表。

表 5.1 User 用户表

列名	数据类型	长度	是否允许为空	是否为主键	说明
Id	Int	10	No	Yes	序号
Username	Varchar	20	No	No	用户名
Password	Varchar	20	No	No	密码

表 5.2 Employee 员工信息表

列名	数据类型	长度	是否允许为空	是否为主键	说明
Id	Int	10	No	Yes	序号
Name	Varchar	20	No	No	用户名
Sex	Varchar	2	Yes	No	性别
Birthday	Date	8	Yes	No	出生日期
Identity ID	Varchar	18	Yes	No	身份证号
Address	Varchar	40	Yes	No	家庭住址
Tel	Varchar	11	Yes	No	电话
Position	Varchar	4	No	No	职位

表 5.3 Customer 客户信息表

列名	数据类型	长度	是否允许为空	是否为主键	说明
Id	Int	10	No	Yes	序号
Name	Varchar	20	No	No	用户名
Sex	Varchar	4	Yes	No	性别
Company	Varchar	20	Yes	No	单位
Tel	Varchar	11	Yes	No	电话
Card ID	Varchar	10	No	No	贵宾卡号

表 5.4 Category 菜品分类表

列名	数据类型	长度	是否允许为空	是否为主键	说明
Id	Int	10	No	Yes	序号
Name	Varchar	20	No	No	名称
Describe	Varchar	20	Yes	No	描述

表 5.5 Dish 菜品信息表

列名	数据类型	长度	是否允许为空	是否为主键	说明
Id	Int	10	No	Yes	序号
Name	Varchar	20	No	No	菜品名
C_Id	Int	10	No	No	菜品类别
Money	Double	6	No	No	菜品价格

表 5.6 Desk 餐台信息表

列名	数据类型	长度	是否允许为空	是否为主键	说明
Id	Int	10	No	Yes	序号
No	Varchar	8	No	Yes	餐台编号
Seating	Int	4	No	No	座位数
Status	Varchar	10	No	No	状态:已预订、就餐、已结账

表 5.7 Order 订单信息表

列名	数据类型	长度	是否允许为空	是否为主键	说明
Id	Int	10	No	Yes	序号
Order NO	Varchar	20	No	Yes	订单编号
Desk ID	Int	10	No	No	餐台号、外键
Createtime	Int	40	No	No	就餐日期时间
Money	Double	6	No	No	金额
Customer ID	Int	10	No	No	客户编号

续表

列名	数据类型	长度	是否允许为空	是否为主键	说明
Status	Varchar	4	No	No	状态:已支付、未支付
Number	Int	4	No	No	就餐人数

表 5.8　Orderitem 订单明细表

列名	数据类型	长度	是否允许为空	是否为主键	说明
Id	Int	10	No	Yes	序号
Order NO	Varchar	20	No	Yes	订单编号
Desk ID	Int	10	No	No	餐台号、外键
Createtime	Datetime	19	No	No	就餐日期时间

5.3.3　系统界面分析与设计

1. 系统登录界面

如图 5.1 所示,系统登录界面的设计较为简单,主要包括接收用户输入的文本框控件以及负责跳转命令的按钮控件。

图 5.1　系统登录界面

2. 系统主界面

系统主界面如图 5.2 所示,包括进入子功能界面的按钮控件。

◎ 程序设计项目实训与竞赛训练综合指导

图 5.2 系统主界面

3.员工管理界面

员工管理界面如图 5.3 所示。

图 5.3 员工管理界面

· 106 ·

4. 客户管理界面

客户管理界面如图 5.4 所示。

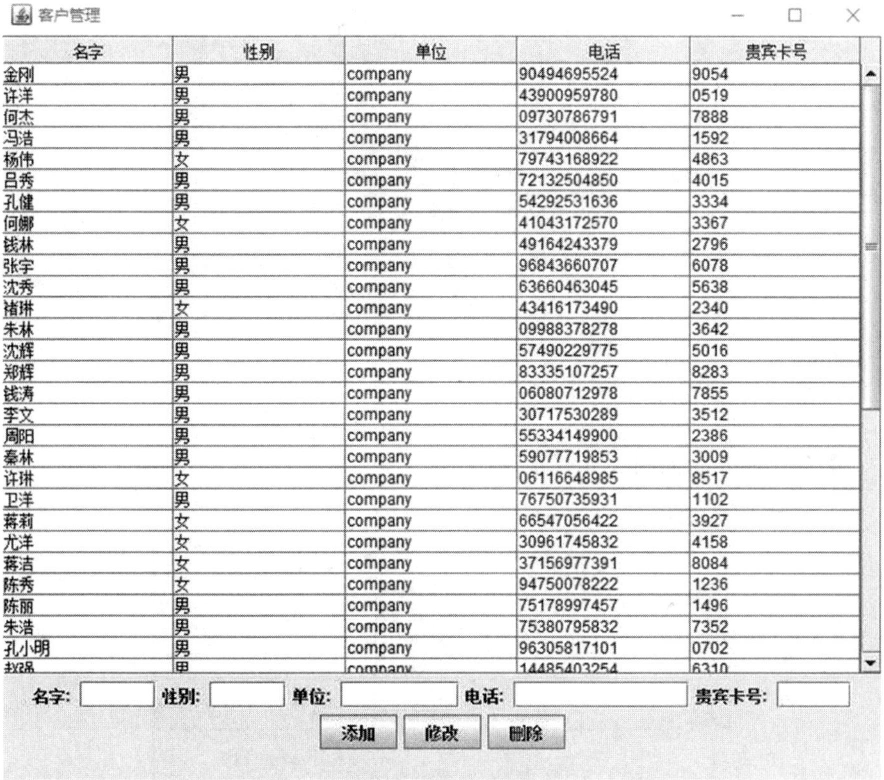

图 5.4 客户管理界面

5. 餐台管理界面

餐台管理界面如图 5.5 所示。

◎ 程序设计项目实训与竞赛训练综合指导

图 5.5　餐台管理界面

6. 菜系管理界面

菜系管理界面如图 5.6 所示。

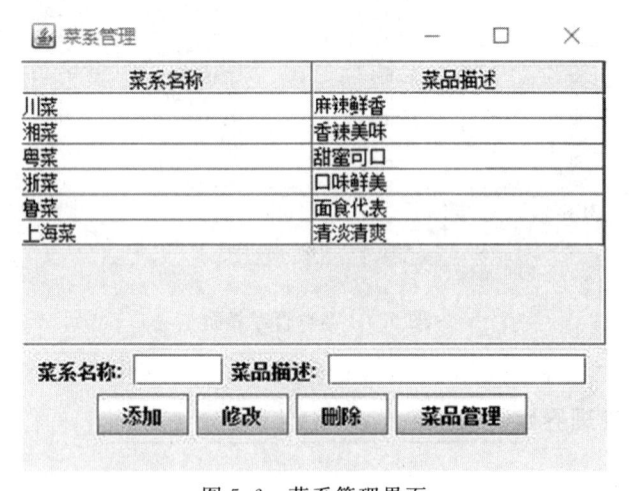

图 5.6　菜系管理界面

7. 菜品管理界面

菜品管理界面如图 5.7 所示。

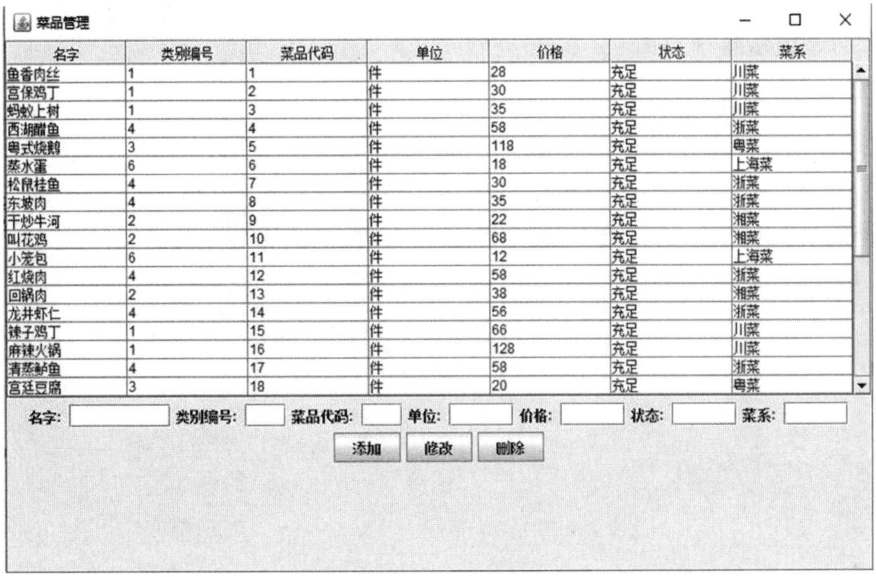

名字	类别编号	菜品代码	单位	价格	状态	菜系
鱼香肉丝	1	1	件	28	充足	川菜
宫保鸡丁	1	2	件	30	充足	川菜
蚂蚁上树	1	3	件	35	充足	川菜
西湖醋鱼	4	4	件	58	充足	浙菜
粤式烧鹅	3	5	件	118	充足	粤菜
蒸水蛋	6	6	件	18	充足	上海菜
松鼠桂鱼	4	7	件	30	充足	浙菜
东坡肉	4	8	件	35	充足	浙菜
干炒牛河	2	9	件	22	充足	湘菜
叫花鸡	2	10	件	68	充足	湘菜
小笼包	6	11	件	12	充足	上海菜
红烧肉	4	12	件	58	充足	浙菜
回锅肉	2	13	件	38	充足	湘菜
龙井虾仁	4	14	件	56	充足	浙菜
辣子鸡丁	1	15	件	66	充足	川菜
麻辣火锅	1	16	件	128	充足	川菜
清蒸鲈鱼	4	17	件	58	充足	浙菜
宫廷豆腐	3	18	件	20	充足	粤菜

图 5.7　菜品管理界面

8. 点菜管理界面

点菜管理界面如图 5.8 所示。

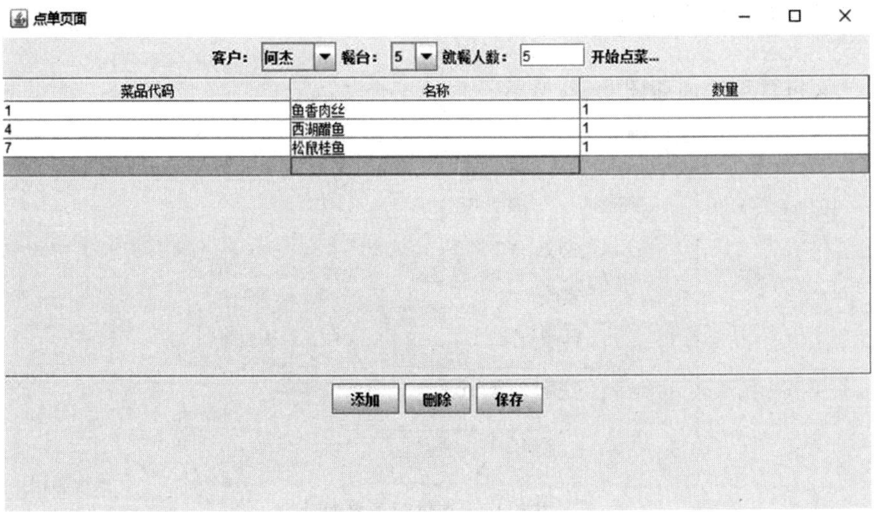

菜品代码	名称	数量
1	鱼香肉丝	1
4	西湖醋鱼	1
7	松鼠桂鱼	1

图 5.8　点菜管理界面

9. 结账管理界面

结账管理界面如图 5.9 所示。

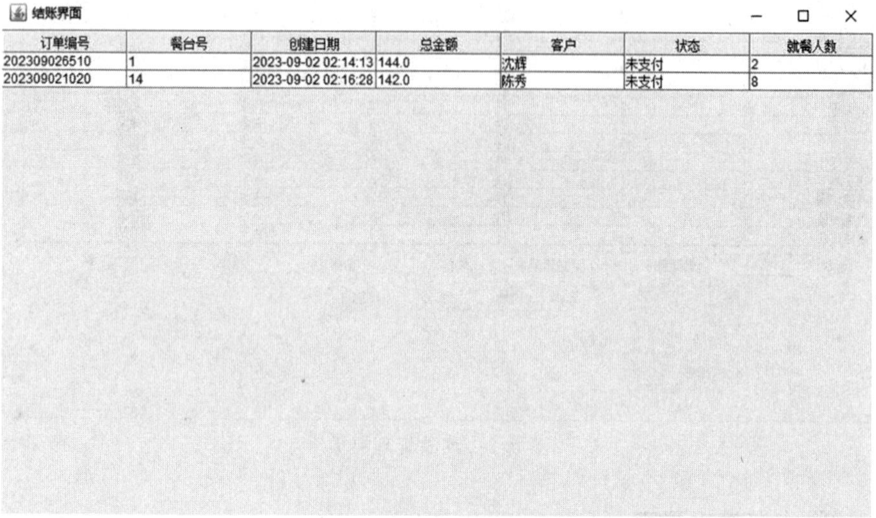
结账界面
订单编号
餐台号
创建日期
总金额
客户
状态
就餐人数
202309026510
1
2023-09-02 02:14:13
144.0
沈辉
未支付
2
202309021020
14
2023-09-02 02:16:28
142.0
陈秀
未支付
8

图 5.9　结账管理界面

10. 支付管理界面

支付管理界面如图 5.10 所示。

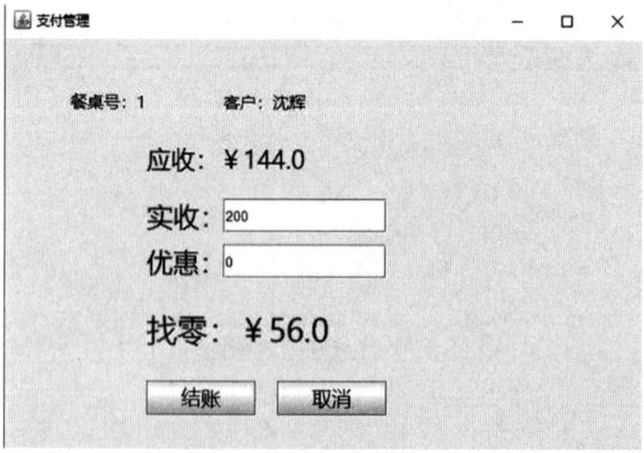
支付管理
餐桌号：1
客户：沈辉
应收：￥144.0
实收：
200
优惠：
0
找零：￥56.0
结账
取消

图 5.10　支付管理界面

5.3.4 系统类分析与设计

系统包含了如下类,各个类的说明具体见下列各表:

1. 实体类

表 5.10 实体类说明

类名	功能描述	设计要点
User.java	定义管理员信息	和管理员信息表中的信息一一对应
Employee.java	定义员工信息	和员工信息表中的信息一一对应
Customer.java	定义客户信息	和客户信息表中的信息一一对应
Desk.java	定义餐台信息	和餐台信息表中的信息一一对应
Category.java	定义菜品分类信息	和菜品分类信息表的信息一一对应
Dish.java	定义菜品信息	和菜品信息表中的信息一一对应
Order.java	定义开台信息	和订单信息表中的信息一一对应
OrderItem.java	定义点菜信息	和点菜信息表中的信息一一对应

2. 边界类

表 5.11 边界类说明

类名	功能描述	设计要点
Login.java	用户登录界面	将用户登录名和密码与管理员信息表中的内容对比,正确则进入系统主界面,否则提示错误信息
Menu.java	菜单主界面	提供系统功能菜单,并通过为各子菜单增加事件监听器以调用相应的功能模块
EmployeeManage.java	员工管理界面	提供员工列表,并提供增删改查操作入口按钮
CustomerManage.java	客户管理界面	提供客户列表,并提供增删改查操作入口按钮

续表

类名	功能描述	设计要点
DeskManage.java	餐台管理界面	提供餐台列表,并提供增删改查操作入口按钮
CategoryManage.java	菜品分类管理界面	提供菜品分类列表,并提供增删改查操作入口按钮
DishManage.java	菜品管理界面	提供菜品列表,并提供增删改查操作入口按钮
DishAddManage.java	点菜管理界面	添加菜品对话框,保存记录时要检查数据的有效性,编号唯一、数据准确
OrderManage.java	开台管理界面	提供空餐台列表,选择客户、餐台,并生成订单提供全部菜品供客户挑选
PayManage.java	结账界面	显示菜品清单及总金额,并提供增删改查操作入口按钮
GiveChangeManage.java	找零界面	显示总金额、预付及找零

3. 控制类

表 5.12 控制类说明

类名	功能描述	设计要点
LoginDaoImpl.java	定义对管理员进行操作	对管理员信息表进行 CRUD 操作
EmployeeDaoImpl.java	定义对员工进行操作	对员工信息表进行 CRUD 操作
CustomerDaoImp.java	定义对客户进行操作	对客户信息表进行 CRUD 操作
DeskDaoImpl.java	定义对餐台进行操作	对餐台信息表进行 CRUD 操作
CategoryDaoImpl.java	定义对菜品分类进行操作	对菜品分类信息表进行 CRUD 操作
DishDaoImpl.java	定义对菜品进行操作	对菜品信息表进行 CRUD 操作
OrderDaoImpl.java	定义对预订餐台进行操作	对开台信息表进行 CRUD 操作

4. 其他类

表 5.13　其他类说明

类名	功能描述
JDBCUtils.java	数据库连接工具
MyDialog.java	自定义弹窗提醒工具
PropertiesUtil.java	读取配置文件工具
Server.java	服务后台启动
ThreadLogin.java	登录页面启动入口
AppStart.java	程序启动入口

5.3.5　系统功能实现

菜系管理功能主要代码如下：

```java
Categorymanage.java
import com.Utils.MyDialog;
import com.service.CategoryDaoImpl;
import javax.swing.*;
import javax.swing.table.DefaultTableModel;
import java.awt.*;
import java.awt.event.*;
//菜系管理页面
public class Categorymanage extends JFrame {
    private DefaultTableModel tableModel;   //表格模型对象
    private JTable table;
    private JTextField aTextField;
    private JTextField bTextField;
    public Categorymanage()
    {
        //设置窗口属性
```

```java
setTitle("菜系管理");
setBounds(700,350,400,300);
setDefaultCloseOperation(JFrame.EXIT_ON_CLOSE);
String[] columnNames = { "菜系名称","菜品描述"};
tableModel = new DefaultTableModel(columnNames,0);
table = new JTable(tableModel);
JScrollPane scrollPane = new JScrollPane(table);    //支持滚动
getContentPane().add(scrollPane,BorderLayout.CENTER);
//jdk1.6
//排序：
//table.setRowSorter(new TableRowSorter(tableModel));
new CategoryDaoImpl().Query(tableModel);
table.setSelectionMode(ListSelectionModel.SINGLE_SELECTION);    //单选
table.addMouseListener(new MouseAdapter(){        //鼠标事件
    public void mouseClicked(MouseEvent e){
        int selectedRow = table.getSelectedRow(); //获得选中行索引
        Object name = tableModel.getValueAt(selectedRow, 0);
        Object describe = tableModel.getValueAt(selectedRow, 1);
        aTextField.setText(name.toString());    //给文本框赋值
        bTextField.setText(describe.toString());
    }
});
scrollPane.setViewportView(table);
final JPanel panel = new JPanel(new FlowLayout());
panel.setPreferredSize(new Dimension(800, 80));
getContentPane().add(panel,BorderLayout.SOUTH);
panel.add(new JLabel("菜系名称："));
aTextField = new JTextField(5);
panel.add(aTextField);
panel.add(new JLabel("菜品描述："));
```

```java
bTextField = new JTextField(15);
panel.add(bTextField);

final JButton addButton = new JButton("添加");    //添加按钮
addButton.addActionListener(new ActionListener(){//添加事件
    public void actionPerformed(ActionEvent e){
        String []rowValues = {aTextField.getText(),bTextField.getText()};
        tableModel.addRow(rowValues);    //添加一行
        String msg = new CategoryDaoImpl().Add(rowValues);
        int rowCount = table.getRowCount()+1;    //行数加上1
        aTextField.setText(null);
        bTextField.setText(null);
        new MyDialog(msg);
    }
});
panel.add(addButton);
final JButton updateButton = new JButton("修改");    //修改按钮
updateButton.addActionListener(new ActionListener(){//添加事件
    public void actionPerformed(ActionEvent e){
        int selectedRow = table.getSelectedRow();//获得选中行的索引
        if(selectedRow!=-1)    //是否存在选中行
        {
            //修改指定的值:
            String []rowValues = {aTextField.getText(),bTextField.getText()};
            String msg = new CategoryDaoImpl().Update(rowValues);
            tableModel.setValueAt(aTextField.getText(),selectedRow,0);
            tableModel.setValueAt(bTextField.getText(),selectedRow,1);
            //table.setValueAt(arg0, arg1, arg2)
            aTextField.setText(null);
            bTextField.setText(null);
```

```
                new MyDialog(msg);
            }
        }
    });
    panel.add(updateButton);

    final JButton delButton = new JButton("删除");
    delButton.addActionListener(new ActionListener(){//添加事件
        public void actionPerformed(ActionEvent e){
            int selectedRow = table.getSelectedRow();//获得选中行的索引
            if(selectedRow! = -1)   //存在选中行
            {
                String name = aTextField.getText();
                String msg = new CategoryDaoImpl().Delete(name);
                tableModel.removeRow(selectedRow);   //删除行
                aTextField.setText(null);
                bTextField.setText(null);
                new MyDialog(msg);
            }
        }
    });
    panel.add(delButton);

    final JButton DishButton = new JButton("菜品管理");
    DishButton.addActionListener(new ActionListener(){//添加事件
        public void actionPerformed(ActionEvent e){
            new Dishmanage();
        }
    });
    panel.add(DishButton);
    this.setVisible(true);
    this.setDefaultCloseOperation(JFrame.DISPOSE_ON_CLOSE);
```

```java
        this.addWindowListener(new WindowAdapter() {
            @Override
            public void windowClosing(WindowEvent e)
            {
                new menu();
            }
        });
    }
}
```

JDBCUtils.java

```java
import java.sql.*;
import java.util.ResourceBundle;

public class JDBCUtils {
    //数据库 url、用户名和密码
    private static String driver;//Ctrl + Alt + F 抽取全局静态变量
    private static String url;
    private static String username;
    private static String password;

    /* 读取属性文件,获取 jdbc 信息 */
    static {
        ResourceBundle bundle = ResourceBundle.getBundle("db");
        driver = bundle.getString("driver");
        url = bundle.getString("url");
        username = bundle.getString("username");
        password = bundle.getString("password");
    }

    public static Connection getConnection() {
        Connection connection = null;
        try {
```

```
        //1、注册 JDBC 驱动
        Class.forName(driver);
        /*2、获取数据库连接*/
        connection = DriverManager.getConnection(url,username,password);
    } catch (ClassNotFoundException e) {
        e.printStackTrace();
    } catch (SQLException e) {
        e.printStackTrace();
    }
    return connection;
}

/*关闭结果集、数据库操作对象、数据库连接*/
public static void release(Connection connection, PreparedStatement preparedStatement, ResultSet resultSet) {
        if(resultSet! = null) {
            try {
                resultSet.close();
            } catch (SQLException e) {
                e.printStackTrace();
            }
        }
        if(preparedStatement! = null) {
            try {
                preparedStatement.close();
            } catch (SQLException e) {
                e.printStackTrace();
            }
        }
        if(connection! = null) {
            try {
```

第5章 软件工程基础实训Ⅱ

```
                connection.close();
            } catch (SQLException e) {
                e.printStackTrace();
            }
        }
    }
}
Category.java
public class Category {
//私有化菜系属性
    private int id;
    private String name;
    private String describe;
//有参构造、无参构造
    public Category() {

    }

    public Category(int id, String name, String describe) {
        this.id = id;
        this.name = name;
        this.describe = describe;
    }
//抛出对外set、get方法
    public int getId() {
        return id;
    }

    public void setId(int id) {
        this.id = id;
    }

    public String getName() {
```

```java
        return name;
    }

    public void setName(String name) {
        this.name = name;
    }

    public String getDescribe() {
        return describe;
    }

    public void setDescribe(String describe) {
        this.describe = describe;
    }
//重写打印方法
    @Override
    public String toString() {
        return "Category{" +
                "id = " + id +
                ", name = '"+ name+ '\''+
                ", describe= '"+ describe+ '\''+
                '}';
    }
}
```

CategoryDao.java

```java
import javax.swing.table.DefaultTableModel;
import java.util.List;
//菜系管理增删改查接口
public interface CategoryDao {
//查询菜系
    public String[] Query(DefaultTableModel model);
//添加菜系
```

```java
    public String Add(String []rowValues);
//更新菜系
    public String Update(String []rowValues);
//删除菜系
    public String Delete(String name);
//菜系下拉框初始化
    public List< String>  AddItem();
}
CategoryDaoImpl.java
import com.Utils.JDBCUtils;
import com.dao.CategoryDao;
import com.pojo.Category;
import javax.swing.table.DefaultTableModel;
import java.sql.Connection;
import java.sql.PreparedStatement;
import java.sql.ResultSet;
import java.sql.SQLException;
import java.util.ArrayList;
import java.util.List;

//实现菜系管理增删改查接口
public class CategoryDaoImpl implements CategoryDao {
    Category category= new Category();

    @Override//查询菜系
    public String[]  Query(DefaultTableModel model) {
//获得数据库连接
        Connection connection= JDBCUtils.getConnection();
        PreparedStatement preparedStatement= null;
        ResultSet resultSet= null;
        String[] column1= null;
        //操作数据库
```

```java
            String sql= "select* from category";
            try {//执行 SQL 语句
                preparedStatement= connection.prepareStatement(sql);
                resultSet= preparedStatement.executeQuery();
    //在表格中循环增加菜系行数
                while (resultSet.next()) {
                    category.setName(resultSet.getString("name"));
                    category.setDescribe(resultSet.getString("describes"));
                    column1= new String[]{category.getName(),category.getDescribe()};
                    model.addRow(column1);
                }
            } catch (SQLException throwables) {
                throwables.printStackTrace();
            }
    //关闭数据库
            JDBCUtils.release(connection,preparedStatement,resultSet);
            return column1;
        }
        @Override//添加菜系
        public String Add(String []rowValues) {
    //获得数据库连接
            Connection connection= JDBCUtils.getConnection();
            PreparedStatement preparedStatement= null;
            ResultSet resultSet= null;
            boolean status= false;
    //操作数据库
            String sql = " Insert into category (name, describes) values (?,?)";
```

```java
        try {//执行SQL语句
            preparedStatement= connection.prepareStatement(sql);
            preparedStatement.setString(1,rowValues[0]);
            preparedStatement.setString(2,rowValues[1]);
            preparedStatement.execute();
            status= true;
        } catch (SQLException throwables) {
            throwables.printStackTrace();
        }
        System.out.println(sql);
        JDBCUtils.release(connection,preparedStatement,resultSet);
//返回执行结果
        if (status){
            return "添加成功";
        }
        return "添加失败";
    }
    @Override//更新菜系 by 菜系编号
    public String Update(String[] rowValues) {
//获得数据库连接
        Connection connection= JDBCUtils.getConnection();
        PreparedStatement preparedStatement= null;
        ResultSet resultSet= null;
        boolean status= false;
//操作数据库
        String sql= "UPDATE category SET category.'name'= '"+ rowValues[0]+ "',category.describes= '"+ rowValues[1]+ "' WHERE desk.'no'= '"+ rowValues[0]+ "'";
        try {//执行SQL语句
            preparedStatement= connection.prepareStatement(sql);
```

```
            preparedStatement.execute();
            status= true;
        } catch (SQLException throwables) {
            throwables.printStackTrace();
        }
        System.out.println(sql);
        JDBCUtils.release(connection,preparedStatement,resultSet);
//返回执行结果
        if (status){   return "修改成功";
        }
        return "修改失败";
    }
        @Override//删除菜系 by 菜系编号
        public String Delete(String no) {
//获得数据库连接
        Connection connection= JDBCUtils.getConnection();
        PreparedStatement preparedStatement= null;
        ResultSet resultSet= null;
        boolean status= false;
        //操作数据库
        String sql= "DELETE FROM category WHERE describes.'name'= '"+ no+ "'";
        try {
//执行 SQL 语句
            preparedStatement= connection.prepareStatement(sql);
            preparedStatement.execute();
            status= true;
        } catch (SQLException throwables) {
            throwables.printStackTrace();
        }
```

```java
        System.out.println(sql);
//返回执行结果
        JDBCUtils.release(connection,preparedStatement,resultSet);
        if (status){
            return "删除成功";
        }
        return "删除失败";
    }
    @Override//菜系下拉框初始化
    public List< String> AddItem() {
//获得数据库连接
        Connection connection= JDBCUtils.getConnection();
        PreparedStatement preparedStatement= null;
        ResultSet resultSet= null;
        ArrayList< String> list= new ArrayList< > ();
        //操作数据库
        String sql= "select* from category";
        try {//执行SQL语句
            preparedStatement= connection.prepareStatement(sql);
            resultSet= preparedStatement.executeQuery();
            while (resultSet.next()) {
                list.add(resultSet.getString("name"));
            }
        } catch (SQLException throwables) {
            throwables.printStackTrace();
        }
//关闭数据库
        JDBCUtils.release(connection,preparedStatement,resultSet);
//返回界面菜系集合
        return list;
```

第6章　信息类权威学科竞赛项目介绍

自2017年12月14日在杭州首次发布2012—2016年我国普通高校学科竞赛结果以来,中国高等教育学会《高校竞赛评估与管理体系研究》专家工作组已连续七年发布榜单,在社会上引起广泛关注。其中,56项重要竞赛指标纳入排名,2项赛事纳入2022年重点观摩和考察项目,2023年,包括"百度之星•程序设计大赛""全国大学生物联网设计竞赛"以及"全国大学生信息安全与对抗技术竞赛"等27项比赛被重新纳入或新增进目录。

6.1　中国国际大学生创新大赛

中国国际大学生创新大赛(原中国国际"互联网+"大学生创新创业大赛)是我国深化创新创业教育改革的重要载体和平台,被誉为"总书记亲自回信,总理亲自倡议,副总理每年出席"的全国最高规格的学科竞赛,大赛为大学生实现创新创业梦想打开了一扇美丽的天窗。大赛旨在深化高等教育综合改革,激发大学生的创造力,培养造就"大众创业、万众创新"的生力军;推动赛事成果转化,促进"互联网+"新业态形成,服务经济提质增效升级;以创新引领创业、创业带动就业,推动高校毕业生更高质量创业就业。

6.2 "挑战杯"全国大学生课外学术科技作品竞赛

"挑战杯"竞赛在中国共有两个并列项目,一个是"挑战杯"全国大学生课外学术科技作品竞赛(俗称"大挑战杯"),另一个是"挑战杯"中国大学生创业计划竞赛(俗称"小挑战杯",因为相对前者,这个竞赛开展得晚),这两个项目的全国竞赛交叉轮流开展,每个项目每两年举办一届。偶数年为"小挑",奇数年为"大挑"。

"挑战杯"全国大学生课外学术科技作品竞赛(以下简称"挑战杯"竞赛)是由共青团中央、中国科协、教育部、全国学联和地方政府共同主办,国内著名大学、新闻媒体联合发起的一项具有导向性、示范性和群众性的全国竞赛活动。自 1989 年首届竞赛举办以来,"挑战杯"竞赛始终坚持"崇尚科学、追求真知、勤奋学习、锐意创新、迎接挑战"的宗旨,在促进青年创新人才成长、深化高校素质教育、推动经济社会发展等方面发挥了积极作用,在广大高校乃至社会上产生了广泛而良好的影响,被誉为当代大学生科技创新的"奥林匹克"盛会。

6.3 "挑战杯"中国大学生创业计划大赛

创业计划竞赛借用风险投资的运作模式,要求参赛者组成优势互补的竞赛小组,提出一项具有市场前景的技术、产品或者服务,并围绕这一技术、产品或服务,以获得风险投资为目的,完成一份包括企业概述、业务与业务展望、风险因素、投资回报与退出策略、组织管理、财务预测等方面内容的创业计划书,最终通过书面评审和秘密答辩的方式评出获奖者。

创业计划竞赛采取学校、省(自治区、直辖市)和全国三级赛制,分预赛、复赛、决赛三个赛段进行。随着"科教兴国"战略的大力实施,努力培养广大青年的创新、创业意识,造就一代符合未来挑战要求的高素质人才,已经成为实现中华民族伟大复兴的时代要求。作为学生科技活动的新载体,创业计划竞赛在培养复合型、创新型人才,促进高校产学研结合,推动国内风险投资体系建立方面发挥出越来越积极的作用。

6.4　国际大学生程序设计竞赛

国际大学生程序设计竞赛(International Collegiate Programming Contest,简称"ICPC")是世界上规模最大、水平最高的国际大学生程序设计竞赛之一,旨在展示大学生创新能力、团队精神和在压力下编写程序、分析和解决问题能力。

经过近 50 年的发展,ICPC 已经成长为改变传统教学的挑战性教育项目,展示了优秀学生在基础数学、计算理论、编程实践、交叉学科等领域的扎实功底,拓展了大学生国际化视野,已被誉为计算机领域的"奥林匹克竞赛""培养下一代信息技术领导者的竞赛"。

ICPC 既是世界各国大学计算机教育成果的直接体现,也是拔尖学生与顶尖企业对话的绝佳机会。每届竞赛都是精英荟萃,备受全球著名企业的高度关注。在过去几年中,谷歌、微软、华为等企业提供了赛事赞助,2017 年以来 JetBrains 公司提供了全球赞助。

ICPC 由各大洲区域赛和世界决赛两个主要阶段组成。根据各大洲规则,每个区域赛赛站的前若干名学校获得参加世界决赛的资格。世界决赛安排在每年的 4—5 月举行,而各大洲区域赛一般安排在上一年的 9—12 月举行。一个大学可以有多支队伍参加区域赛,但每年至多只能有一支队伍参加世界决赛。

6.5　中国大学生计算机设计大赛

中国大学生计算机设计大赛启筹于 2007 年,始创于 2008 年,截至 2023 年底,已经举办了16届80场赛事。是我国高校面向本科生最早的赛事之一。大赛的目的是以赛促学、以赛促教、以赛促创,为国家培养德智体美劳全面发展的创新型、复合型、应用型人才服务。

中国大学生计算机设计大赛的国赛的参赛对象是当年本科所有专业的在校学生。"三服务"是中国大学生计算机设计大赛的目标,即:为学生就业的需要服务、为专业发展的需要服务和为创新创业人才培养的需要服务,以赛促学,以赛促教,以赛促创,以达到培养创新型、复合型、应用型人才的最终目标。

6.6 "蓝桥杯"全国软件和信息技术专业人才大赛

软件和信息技术产业作为我国的核心产业,是经济社会发展的先导性、战略性产业,软件和信息技术产业在推进信息化和工业化融合,转变发展方式,维护国家安全等方面发挥着重要作用。为推动软件和信息技术产业的发展,促进软件和信息技术专业技术人才培养,向软件和信息技术行业输送具有创新能力和实践能力的高端人才,提升高校毕业生的就业竞争力,全面推动行业发展及人才培养进程,2009年工业和信息化部人才交流中心举办了首届"蓝桥杯"全国软件和信息技术专业人才大赛。截至2023年底,大赛已经累计举办14届,共有北京大学、清华大学、上海交通大学等全国1200余所高校参赛,累计参赛人数超过40万人。

"蓝桥杯"大赛高校类分成软件类个人赛、电子类个人赛,视觉艺术设计赛以及数字科技创新赛。

其中,软件类个人赛包括如下项目:

(1) Java 软件开发。

(2) C/C++程序设计。

(3) Python 程序设计。

(4) Web 应用开发。

(5) 软件测试。

电子类个人赛包括如下项目：

(1) 嵌入式设计与开发。

(2) 单片机设计与开发。

(3) 物联网设计与开发。

(4) 电子设计自动化(EDA)设计与开发。

6.7 全国大学生物联网设计竞赛

6.7.1 竞赛简介

全国大学生物联网设计竞赛创始于2014年，竞赛是以促进国内物联网相关专业建设和人才培养为目标，以物联网技术为核心，激发物联网相关专业学生的创造、创新、创业活力，推动高校创新创业教育而举办的面向大学生的学科竞赛。竞赛自2014年创立至今，得到了广大高校、企业的关注和积极参与，自2017年开始每届竞赛参赛院校超过500所，参赛师生人数超万人。

竞赛设立六个分赛区，分别是华东分赛区、华北分赛区、华中及西南分赛区、华南赛区、西北分赛区和东北分赛区。参赛对象为普通高校全日制在校学生，也欢迎优秀的职业学校全日制在校学生参赛。

竞赛分为线上预赛、分赛区决赛和全国总决赛三个环节，全国总决赛由竞赛组委会组织的现场集中式的竞赛，采用作品讲解和作品现场演示两个环节，评审专家现场打分，并按分数高低决定奖项归属。

6.7.2 竞赛命题说明

竞赛命题分为常规赛道命题和揭榜挂帅赛道命题。其中，常规赛道命题一般比较宽泛，对应用领域和场景等没有特定限制；揭榜挂帅命题一般是针对某个具体场景和需求设计。有关揭榜挂帅命题、评审和奖励细则将由组委会和命题企业共同协商发布。

竞赛组委会会同合作伙伴为选择竞赛命题的参赛队免费赠送命题对应的相关软硬件板卡或软件，参赛队还将获得资深工程师团队的技术指导。在竞赛网评预赛、分赛区决赛和全国总决赛各评审阶段将给予选择竞赛命题的队伍设置加分项。

6.7.3 常规赛道命题示例

1. 华为命题

本次竞赛提供华为云物联网平台、5G、边缘计算、HarmonyOS、OpenHarmony 等软硬件和开发环境支持，开发者可以运用华为技术，针对万物互联的智慧场景开发出一个端云协同的创新作品，实现交互性强、易扩展的 SaaS 应用，并部署到华为云上供评审。包括但不限于以下物联网场景：城市智能体、智慧园区、智慧交通、车联网、智联生活、智能制造、智慧仓储、智慧农业等。

2. 安谋科技命题

使用国产灵动微电子 MM32F5270 微控制器作为主要平台，完成以下作品之一的设计与开发。

（1）物联网智门口道监控系统。能够通过中远距离接近传感器，检测是否有人通过门口的检测区域，使得灯光亮起照射检测区域；在门口刷卡、密码正确则可开门。监控系统在门口停留超过 10 s 后发出警告，并通过无线通信网络传输模块，将监控数据上传保存至云端。

（2）城市环境监测小车。能够使用位置传感器，自动定位小车行驶的信标位置；使用环境信息传感器，采集小车周边的环境信息，通过无线网络传输模块，将监控数据上传保存至云端。

（3）连接标准联盟（CSA）命题。利用 Zigbee 或者 Matter 标准实现以下场景：通过智能系统的帮助，帮助老人提高在家中的自理能力，在有需要时方便提出需求，在紧急情况下能及时发出通知，让家人、社区工作者、服务机构、医院能有效跟进，提升居家社区居家养老水平。

(4) 地平线命题。要求参赛队伍使用地平线旭日 X3 派,基于机器人操作系统(ROS)等软件系统,自选其他硬件模块,发挥创意,设计并实现一款智能化的软硬件系统。

6.7.4 揭榜挂帅命题

(1) "数据可视化"赛题。本次比赛主要考察参赛者理论掌控能力和低代码数据大屏设计开发能力。参赛者需基于华为云统一低代码平台 Astro 进行数据可视化大屏或中小屏的设计和开发。

(2) "物联网高性能、高可靠系统"赛题。本次比赛的系统设计赛道主要考察参赛者对云平台系统架构的设计开发能力。参赛者需基于华为云函数工作流 FunctionGraph 进行系统构建,完成高性能、高可靠的系统实现。

6.8 全国大学生计算机系统能力大赛

全国大学生计算机系统能力大赛是 2017 年由教育部高等学校计算机类专业教学指导委员会和系统能力培养研究专家组共同发起,旨在以学科竞赛推动专业建设和计算机领域创新人才培养体系改革,围绕中央处理器(CPU)、编译系统、操作系统、数据库管理系统的设计、分析、优化与应用,激发学生的想象力、创新力和工程实践能力和团队协作能力,培育我国高端芯片、关键基础软件的后备人才,为高质量专业人才搭建交流、展示、合作的平台,助力我国高校与企业产学研合作的健康快速发展。该项比赛目前分成操作系统、数据库系统、编译系统以及 CPU 设计四个主赛道。

6.8.1 操作系统(OS)赛道

OS 赛道分为"OS 内核实现"和"OS 功能挑战"两个赛道。两个赛道均设区域赛和全国赛两个阶段,区域赛胜出者有资格参加全国赛。

"OS 内核实现"赛道要求各参赛队综合运用各种知识(包括但不局限于编

译技术、操作系统、计算机体系结构等),构思并实现一个综合性的操作系统,以展示参赛队面向特定平台的操作系统构造与优化能力。鼓励各参赛队充分了解所使用的编程语言及目标硬件平台特点,使设计实现的操作系统能够尽可能发挥目标硬件平台能力以支持评测用例并提高应用的运行效率。

"OS 功能挑战"赛道要求各参赛队在操作系统设计赛官网发布的题目中选择赛题,然后综合运用各种知识(包括但不局限于编译技术、操作系统、计算机体系结构等),构思并实现一个与操作系统相关的系统或模块,以展示面向需求的操作系统构造与优化能力,尝试解决多种 OS 相关挑战。

6.8.2 编译系统赛道

大赛分编译系统实现赛和编译系统挑战赛两个赛道。编译系统设计赛道分 ARM 和 RTSC-V 两个后端硬件平台。编译系统挑战赛道由华为公司命题进行竞赛。

编译系统实现赛要求各参赛队综合运用各种知识,构思并实现一个综合性的编译系统,以展示面向特定目标平台的编译器构造与编译优化的能力。

编译系统挑战赛要求参赛队在确保程序功能正确且性能损失合理的前提下,综合使用汇编及链接时代码规模优化技术,尽可能减小面向特定目标平台的二进制代码规模。参赛队必须完成面向 RISC-V 32 位平台基于 Global Pointer (GP)寄存器的代码规模优化,在此基础上,可根据需要综合采用各类汇编及链接时的代码规模优化技术,提交改进后的汇编器、链接器源代码,实现对给定汇编文件的代码规模优化能力。

6.8.3 数据库系统赛道

大赛分初赛和决赛两个阶段,初赛胜出者有资格参加决赛。

数据库系统设计赛目标如下:

1. 大赛要求各参赛队综合运用各种知识(包括但不局限于数据库管理系统原理与实现、编译原理、数据结构与算法、操作系统等),具备将上述知识用于设计、实现和优化数据库管理系统基本的存取管理、查询处理、事务处理三大核心功能的能力。

2.大赛鼓励各参赛队伍在充分了解数据库系统的基本原理和基本实现技术、现代 C++编程技巧和特点等基础上,尽可能提高数据库系统的运行效率。

3.为展示参赛队的设计和实现水平,增加竞赛的对抗性,进入决赛的参赛队还需要针对业务负载的变化,现场增加、调整或优化相关算法,按照实际系统运行的结果进行排名。

6.8.4 CPU 赛道

CPU 赛道分为团体赛和个人赛两项赛事。

1.个人赛(LoongArch)技术方案

参赛队需开发支持 LoongArch 基准指令集的 LoongArch 微系统。初赛阶段的 LoongArch 微系统可以使用 FPGA 片内存储器,也可以使用实验板上的 8MBSRAM 存储器作为程序、数据存储。CPU 核能通过接口与各 I/O 设备互联通信。

2.个人赛(MIPS)技术方案

参赛队需开发支持 MIPS 基准指令集的 MIPS 微系统。初赛阶段的 MIPS 微系统可以使用 FPGA 片内存储器,也可以使用实验板上的 8MBSRAM 存储器作为程序、数据存储。CPU 核能通过接口与各 I/O 设备互联通信。

3.团体赛(LoongArch)技术方案

参赛队需开发支持 LoongArch 基准指令集的 LoongArch 微系统。初赛阶段的 LoongArch 微系统可以使用 FPGA 片内存储器,FPGA 内部集成 1 个系统计数器,FPGA 支持 7 段数码管显示。CPU 核能通过接口与各 I/O 设备互联通信。

4.团体赛(MIPS)技术方案

参赛队需开发支持 MIPS 基准指令集的 MIPS 微系统。初赛阶段的 MIPS

微系统使用 FPGA 片内存储器,FPGA 内部集成 1 个计数器,FPGA 支持 7 段数码管显示,CPU 核能通过接口与各 I/O 设备互联通信。

6.9 湖南省大学生程序设计竞赛

湖南省大学生计算机程序设计竞赛(Hunan Collegiate Programming Contest,简称"HNCPC")是由湖南省教育厅主办,湖南省高教学会计算机教育专业委员会协办,高校自愿申请承办的面向普通本专科在校学生开展的大学生学科竞赛活动,旨在提高大学生计算机程序设计和应用软件的开发水平,培养大学生的创新能力和团队合作精神,推动大学计算机基础和专业课程的教学改革,加强高校大学生之间的交流和学习。

竞赛每年举办一次,时间为当年八月底或九月初,竞赛分成三个类别。

1. 程序设计类竞赛

主要采用 ICPC 规则和在线评审系统。

(1) 竞赛试题。11 道题左右(其中有多道英文题),含有较大难度题和适量基础题。本科和专科队使用同一套试题。

(2) 竞赛时间。5 h。

(3) 竞赛要求。竞赛时,允许参赛队员携带参考书、手册等纸质参考资料,不准携带任何电子工具和电子资料。

(4) 试题提交。试题的解答通过网络提交。

(5) 竞赛排名。正确解答两道题及两道题以上的队伍有资格参加排名。排名根据正确解题的数目进行。在决定获奖的队伍时,如果多支队伍解题数目相同,则根据总耗时间与惩罚时间之和进行排名。

(6) 竞赛语言。竞赛所用编程语言为 C、C++或 Java,操作系统为 Windows。

2. 应用开发类竞赛

（1）作品内容。以程序设计为主要内容，以面向应用和解决实际问题为目标，以各类终端为平台开发的各类小型应用软件（含嵌入式系统）。

（2）作品分类。作品按类别分为 Web 应用开发类、移动终端开发类、嵌入式软件类、信息安全类和游戏软件类，课件和网站不能作为作品参赛。

（3）作品提交。每一件作品需通过网络提交以下材料：功能需求说明书、概要设计说明书、详细设计说明书、数据库设计说明书（如必要）、软件界面设计书、用户操作手册、全部源程序代码及编译后的可执行文件、介绍整个作品的演示文稿等。

（4）评选规则。竞赛评比分初赛和决赛。作品首先须通过专家委员会的形式审查，符合竞赛要求的作品进入初赛。初赛排名前 55% 的作品中，评出三等奖作品，其余为一等奖和二等奖候选作品。决赛采用现场答辩评审的形式。

3. 机器人类竞赛

参赛类别有机器人高尔夫竞赛和机器人接力赛。采用现场比赛的方式。每届比赛选题和规则要求在官方网站上公布。

6.10 湖南省大学生物联网应用创新设计竞赛

湖南省大学生物联网应用创新设计竞赛是面向大学生的科技创新活动，旨在提高大学生物联网应用和设计开发水平，培养大学生的创新能力和团队合作精神，提升大学生在物联网技术相关领域的应用和实践能力，推动物联网相关专业教学内容和教学方法的改革，促进物联网、电子与通信工程、计算机等学科的发展，提升专业人才培养质量。

2017 年，湖南省第一届（中仁教育杯）大学生物联网应用创新设计大赛在中南大学新校区举行，来自湖南省的近四十所高校 150 多名选手参加了比赛。首届比赛分为"创意赛"和"技能赛"两个赛项。

其中,创意赛要求选手应用物联网技术实现创新设想,重点考察作品的创新性及实现度。初赛采用会审形式,由专家评委会议评审。创意赛初赛在排名前60%的作品中,评出三等奖作品,其余为一等奖和二等奖候选作品。候选作品入围决赛,决赛采用现场演示、答辩的形式,最终决出一等奖和二等奖。

技能赛主要考察选手的物联网设计开发能力和团队合作精神。自2021年开始,不再对参赛的统一平台作要求。各参赛队在自选的软硬件平台(须达到竞赛基本要求,另行发布技能赛平台要求及模拟题)上操作,发挥各项软硬件技能(如模块的组装和运行、嵌入式程序的编写等),实现若干指定功能,比赛赛位由抽签决定。裁判根据评分细则对各参赛队的表现进行评比。技能赛参赛队若成绩相同,则依据完成答题时间多少进行排序,完成时间少的队伍排名在前。

2018年湖南省第三届大学生物联网应用创新设计大赛新增了"挑战赛"赛项,挑战赛要求选手规定时间内根据题目要求完成相应的代码设计,主要包含传感设备通信协议的编程实现、数据传输及协议转换等内容,着重考察其对面向物联网实际应用的编程能力及编写软件的可靠性。

第7章　中国大学生计算机设计大赛

7.1　大赛概况

中国大学生计算机设计大赛(以下简称"大赛"),截至2023年,大赛已经举办了16届赛事。目前,大赛是全国普通高校大学生竞赛排行榜榜单的赛事之一。大赛的参赛对象,是中国境内高等院校中所有专业的在籍本科生(含来华本科生),重点是激发学生学习计算机知识和技能的兴趣和潜能,提高学生运用信息技术解决实际问题的综合能力,达到以赛促学、以赛促教、以赛促创,为国家培养德智体美劳全面发展的创新型、复合型、应用型人才服务的目的。大赛以三级竞赛形式开展,校级赛—省级赛—国家级赛(简称"国赛"),国赛只接受省级赛上推的参赛作品。校赛、省级赛可自行、独立组织。要求校级初赛上推省级赛的比例不能高于参加校级赛有效作品数的50%,省级赛上推至国赛的比例不能高于参加省级赛有效作品数的30%。

7.2　大赛类别

2023年大赛分设11个类(组),具体包括:

(1) 软件应用与开发。

(2) 微课与教学辅助。

(3) 物联网应用。

(4) 大数据应用。

(5) 人工智能应用。

(6) 信息可视化设计。

(7) 数媒静态设计。

(8) 数媒动漫与短片。

(9) 数媒动漫与短片。

(10) 计算机音乐创作。

(11) 国际生"学汉语,写汉字"。

其中,(7)、(8)、(9)三个大类统称为数媒类。

7.2.1 软件应用与开发类别

包括以下小类:

(1) Web应用与开发。作品一般是浏览器/服务器(B/S)模式,客户端通过浏览器与Web服务器进行数据交互,例如各类购物网站、博客、在线学习平台等。

(2) 管理信息系统。一般为满足用户信息管理需求的信息系统。

(3) 移动应用开发(非游戏类)。通常专指手机上的应用软件,或手机客户端。

(4) 算法设计与应用。主要以算法为核心,以编程的方式解决实际问题并得以应用。

(5) 信创软件应用与开发。是指在国产操作系统及开发框架下的软件应用与开发,包括国产操作系统的应用适配,通用开发框架下的常用工具软件开发和应用开发等。

(6) 区块链应用与开发。是指在现有的区块链底层或技术框架下的软件应用与开发,包括智能合约、钱包转账等。

7.2.2 物联网应用

包括以下小类：

(1) 城市管理。作品是基于全面感知、互联、融合、智能计算等技术，以服务城市管理为目的，以提升社会经济生活水平为宗旨，形成某一具体应用的完整方案。

(2) 医药卫生。作品应以物联网技术为支撑，实现智能化医疗保健和医疗资源的智能化管理，满足医疗健康信息、医疗设备与用品、公共卫生安全的智能化管理与监控等方面的需求。

(3) 运动健身。作品应以物联网技术为支撑，以提高运动训练水平和大众健身质量为目的。

(4) 数字生活。作品应以物联网技术为支撑，通过稳定的通信方式实现家庭网络中各类电子产品之间的"互联互通"，以提升生活水平、提高生活便利程度为目的。

(5) 行业应用。作品应以物联网技术为支撑，解决某行业领域某一问题或实现某一功能，以提高生产效率、提升产品价值为目的。

(6) 物联网专项赛。

7.2.3 大数据应用

包括以下小类：

(1) 大数据实践赛。利用大数据思维发现社会生活和学科领域的应用需求，利用大数据和相关新技术设计解决方案，实现数据分析、业务智能、辅助决策等应用。要求参赛作品以研究报告的形式呈现成果。

(2) 大数据主题赛。采用组委会命题方式，一般为1~3个赛题，各参赛队任选一个赛题参加，赛题将适时在大赛相关网站公布。

7.2.4 人工智能应用

包括以下小类：

(1) 人工智能实践赛。是针对某一领域的特定问题,提出基于人工智能的方法与思想的解决方案。实践赛作品需要有完整的方案设计与代码来实现,撰写相关文档,主要内容包括:作品应用场景、设计理念、技术方案、作品源代码、用户手册、作品功能演示视频等。

(2) 人工智能挑战赛。采用大赛组委会命题方式,赛题将适时在大赛相关网站公布。挑战类项目的国赛将进行现场测试,并以测试效果与答辩成绩综合评定最终排名。

7.2.5 数媒静态设计

数媒静态设计包括以下小类:

(1) 平面设计普通组/专业组。包括服饰、手工艺、手工艺品、海报招贴设计、书籍装帧、包装设计等利用平面视觉传达设计的展示作品。

(2) 环境设计普通组/专业组。包括空间形象设计、建筑设计、室内设计、展示设计、园林景观设计等环境艺术设计相关作品。

(3) 产品设计普通组/专业组。

7.2.6 数媒动漫与短片设计

数媒动漫与短片包括以下小类:

(1) 微电影普通组/专业组。作品是借助电影拍摄手法创作的视频短片,反映一定故事情节和剧本创作。

(2) 数字短片普通组/专业组。作品是利用数字化设备拍摄的各类短片。

(3) 纪录片普通组/专业组。作品是利用数字化设备和纪实的手法,拍摄的反映人文、历史、景观和文化的短片。

(4) 动画普通组/专业组。作品是利用计算机创作的二维、三维动画,包含动画角色设计、动画场景设计、动画动作设计、动画声音和动画特效等内容。

(5) 新媒体漫画普通组/专业组。作品是利用数字化设备、传统手绘漫画创作和表现手法,创作的静态、动态和可交互的数字漫画作品。

7.3　大赛评审规则

每年大赛国赛共组合为不同的决赛区。如 2023 年大赛设置了 6 个赛区，分别为：上海赛区、烟台赛区、沈阳赛区、扬州赛区、厦门赛区以及杭州赛区。大赛根据国家相关规定，或线上答辩线上评审，或线上答辩线下评审，或线上答辩线下线上混合评审等。每件作品答辩时(含视频答辩)，作者的作品介绍(含作品演示)时长应不超过 10 min。

7.4　大赛优秀案例分析

7.4.1　无人驾驶垃圾自动捡拾分类漫游车(人工智能应用)

"垃圾分类"是最近兴起的一个热点。小车基于机器人操作系统(ROS)，实现机械臂抓取和雷达建图，搭载云端管理系统，实现远程智能控制，检查小车状态。以双目摄像机为视觉传感器，利用机器视觉技术和 mobelnetv3 神经网络分类算法，实现垃圾分类。本项目获得 2021 年中国计算机设计大赛人工智能赛道全国二等奖。

1. 系统结构设计

如图 7.1 所示，系统前端的数据可视化采用微信小程序作为客户端，后端整体采用微服务架构开发，将整个后台系统分为五个主要部分：系统后台网关、用户服务、清洁助力车服务、垃圾信息服务以及长连接维持服务。

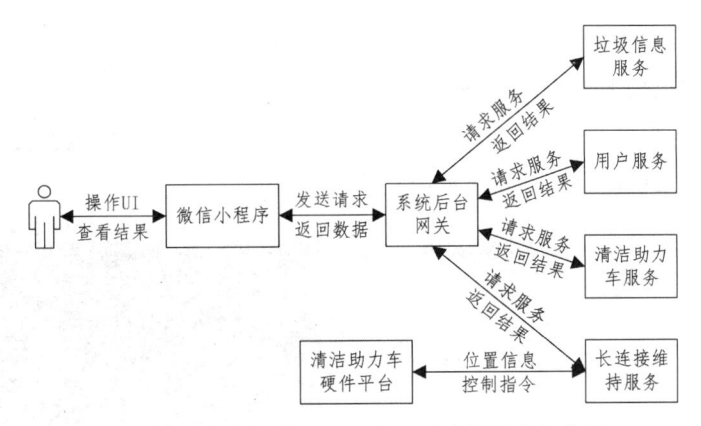

图 7.1 无人驾驶垃圾自动捡识分类漫游车架构图

2. 硬件设计

(1) Jeston Xavier NX 模块。小车的 NVIDIA Jetson Xavier NX 模块能够有效支持 ROS 系统，为后续所研究的地图构建与定位导航提供了支持。控制器同时包含 GPU 计算、计算机视觉、深度学习运算等多种功能。

(2) 小车主要硬件模块。图 7.2~7.5 分别是小车的底座、摄像头、机械臂及雷达模块示意图。

图 7.2 小车底座模块

图 7.3 小车摄像头模块

图 7.4 小车机械臂模块

图 7.5 小车雷达模块

(3) 小车机械臂控制。在 ROS 平台上利用 Moveit 工具包与 Rviz 虚拟机械臂控制虚拟机械臂的移动,将 6 关节节点数据通过订阅 joint_states 话题传导到串口上,再将串口连接到机械臂的芯片上,实现控制真实机械臂使其自动抓取功能。小车机械臂控制示意如图 7.6 所示。

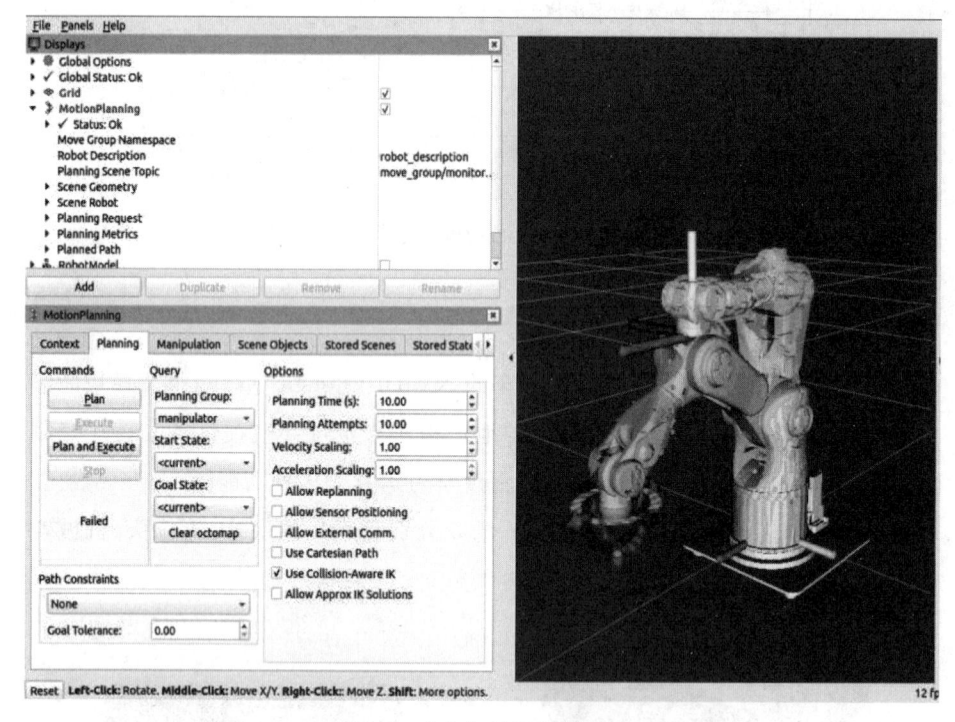

图 7.6　小车机械臂控制示意

3. 软件设计

(1) 图像检测。在整个系统中,以目标检测模块和测距模块为核心,数据采集模块和数据处理模块为辅,完成基于视频的垃圾检测分类功能,由通信模块完成控制小车功能。

(2) 雷达建图。该模块完成基于 ROS 的地图建立。设备利用激光雷达对周围环境进行扫描,通过激光计算距离,确定障碍物的位置坐标,进行环境地图的构建。激光雷达基于 SLAM 框架的 Gmapping 算法完成环境地图的构建示意如图 7.7 所示。

第 7 章 中国大学生计算机设计大赛

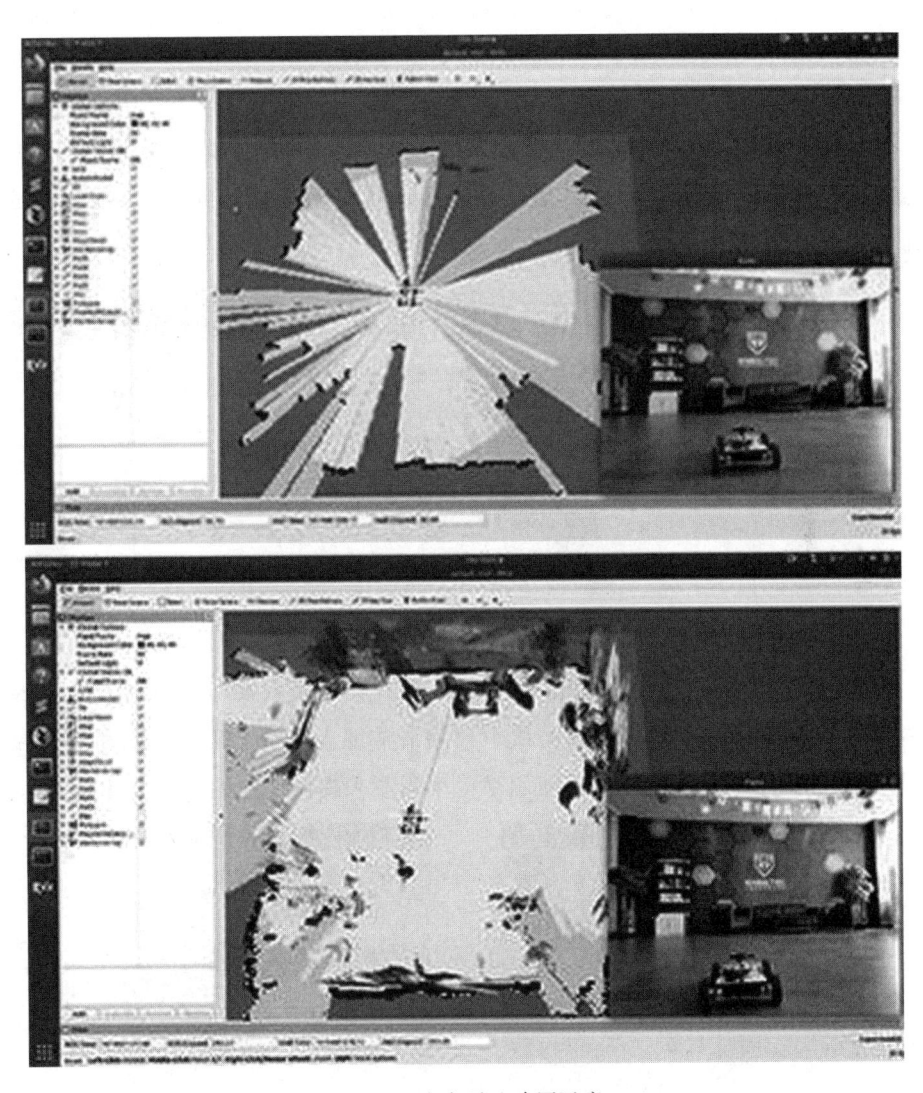

图 7.7 小车雷达建图示意

（3）小车控制模块。该模块向下通过串口发送数据驱动电机和舵机，向上连接自主导航功能，是自主导航的基础，同时它还订阅和发布里程计和惯性传感器(IMU)信息。该模块通过给 smoother. cmd_ vel 节点发布信息将速度和方向信息通过串口节点发送给小车，从而达到控制小车的目的。

（4）特征提取。对图像中的垃圾进行识别。将图像中垃圾的特征数据作为

◎ 程序设计项目实训与竞赛训练综合指导

输入,以图像中垃圾的类别、置信度以及作矩形框的左上角和右下角坐标作为输出。

（5）检测识别算法。小车垃圾分类数据集包含 31 类垃圾,系统将这 31 类垃圾按照可回收、厨余、有害、其他垃圾进行分类,正确率能达到 82%,能够满足垃圾分类检测的需求。实验案例如图 7.8 所示。

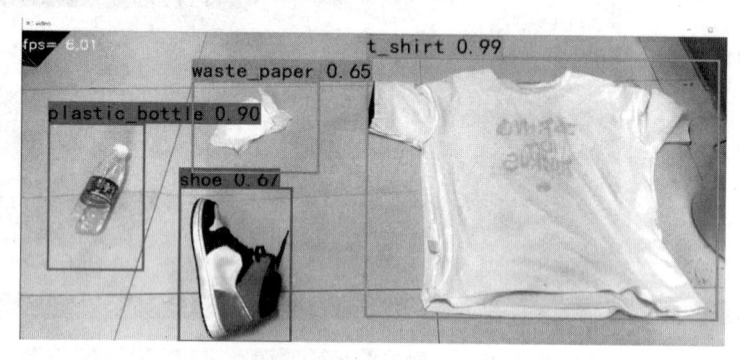

图 7.8 垃圾识别分类示意

（6）基于微服务的架构思想,作品设计了一套解决方案即清洁助力车——云端管理系统,以解决线上客户端与线下道路清洁助力车进行信息交互和行为控制问题。如图 7.9 所示,前端则使用微信小程序来提供便捷的用户交互界面。

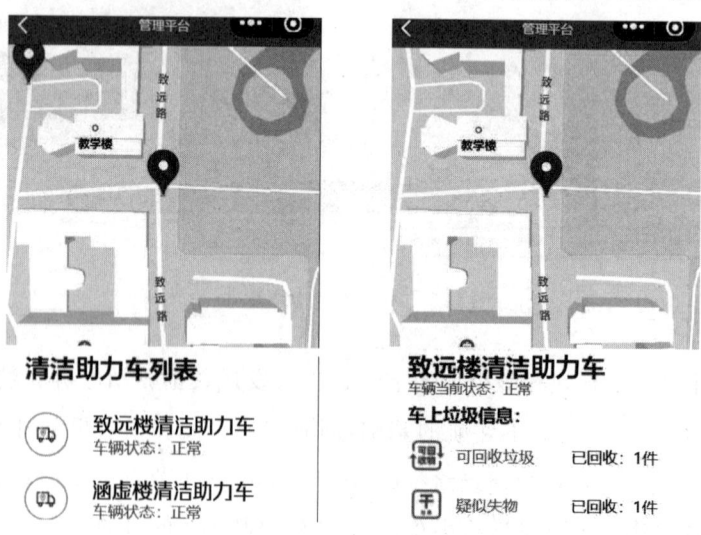

图 7.9 小车微信前端功能示意图

第 7 章 中国大学生计算机设计大赛

7.4.2 中医三绝(数媒静态设计)

1. 作品简介

作品《中医三绝》,灵感来源于日常生活中三种常见的中医疗法:针灸、拔罐和艾灸。作品统一采取以黑白为主色调的泼墨山水风格,与三种疗法技艺的手部形态相结合,意在创造出意境悠远的中国风美感。该项目获得 2023 年中国大学生计算机设计大赛全国二等奖。

2. 作品介绍

该系列海报作品分为三个主题:针灸、艾灸和拔罐。

(1)《针灸》。如图 7.10 所示,作品《针灸》海报的手部形态选取了执针时的手,拿捏到位,招式稳准,尽显中医风范。施针之处正是红日下绵延千里的江河,寓示着源远流长的中医针灸文化生生不息。

图 7.10 《针灸》海报

(2)《艾灸》。如图 7.11 所示,作品《艾灸》海报的手部形态选取了点艾时的手。历经沧桑手早已将艾灸之术练得炉火纯青,恰到好处的留白让人浮想联翩,体现了艾灸文化的博大精深。

图 7.11 《艾灸》海报

(3)《拔罐》。如图 7.12 所示,作品《拔罐》海报的手部形态选取了拔罐时的手。强而有力,似将山川河海之灵气汇于一罐。象征着中医药文化的隐秘与伟大。

图 7.12 《拔罐》海报

3. 作品创作思路

（1）创新创意。该系列海报以黑白为主色调，创造出意境悠远的中国风美感。在缥缈的山水间一只有力厚实的手对应着中医深厚的医学底蕴，妙手仁心，于山水间汲取自然灵气，汇于一手，于乾坤间凸显中医妙手回春，而于黑白间巧妙的一点红提升了海报的色彩明亮度。

（2）创作愿景。系列海报整体十分统一，寥寥几笔勾勒出的手部线条流畅优美，将三种代表性的中医技艺刻画得淋漓尽致，引出了系列作品的主题，表达了作者希望弘扬中华传统中医药文化的设计愿景。

4. 比赛经验小结

（1）充分结合大赛中医文化主题元素，以日常生活中三种常见的中医疗法：针灸、艾灸和拔罐为灵感去设计。其概念的表达以及所传达的内涵均十分到位，整体效果佳。

（2）深入挖掘了中医药文化为主题的相关元素与概念，素材元素运用合理，均有其对应的设计寓意，且无缝融入作品，增进了设计效果。

（3）本作品充分展现对中医药文化的发展期望，画面层次感强，设计内涵丰富。

尽管此作品的准备时间不够充足，海报的分辨率也没有弄得很清楚，但设计过程十分专注，竭尽全力去做了多番尝试。从确定核心理念，寻找素材，作画到最后的色彩细节完善等反复打磨，最终创作出了这符合设计初衷的优秀海报。

7.4.3 字迹·千年（数媒游戏与交互设计）

1. 作品简介

《字迹·千年》是一款以"学汉字用汉字，弘扬汉语言文化"为主题的棋类解谜益智类游戏。作品旨在让玩家在探索游戏的过程中，更好地了解汉语言文化,体验汉字的发展,感受汉字的魅力。作品以秦、汉、唐、宋(分为不同的关卡)四个朝代作为游戏背景,将游戏与各朝代对汉文化发展影响深远的历史相结合。让玩家在游玩的过程中,不仅可以学习汉字知识,还能在关卡中重温汉语言那段辉煌的历史,从中享受汉语言文化所带来的乐趣。该项目获得2022年中国大学生计算机设计大赛全国三等奖。

2. 作品设计思路

(1) 创作概要。

《字迹·千年》这款游戏,在传统棋类游戏的基础上进行创新,加入了探索解谜的要素,同时也将古诗词、造纸术、印刷术等融入其中,通过游戏向玩家展示源远流长的汉字历史,博大精深的汉字文化。游戏旨在让玩家在游玩中学习汉字,从中享受汉语言文化的乐趣,感受汉字的魅力。

(2) 创作构思。

作品秉承着让玩家乐以学汉语用汉字,弘扬汉语言文化的理念,从汉字的发展、载体、表现形式及其衍生物出发,以各朝代与汉字相关的重大历史事件为关卡主题进行设计。

(3) 游戏玩法。

玩家在关卡中,通过观察场景、挑战试炼、收集道具来获取线索,在寻找线索的过程中玩家需要躲避敌人,在敌人身后(或侧身)可以击倒敌人解除危机。部分关卡中存在机关,玩家可以在合适的时机触发机关,以便躲避敌人或是快速到达目的地,通过关卡。

(4) 游戏目标。

玩家通过消灭敌人和躲避敌人从而到达终点,并答对终点的试题即为游戏胜利。(注意:终点试题较难,玩家可通过观察或获得场景中的线索来确定答案。)

3. 游戏功能设计

(1) 游戏管理器模块。

游戏管理器模块采用泛型单例模式设计，游戏运行时始终存在。它负责游戏各个模块的总调度和游戏状态的控制。

(2) 角色模块。

采用接口实现观察者模式的订阅和广播来监听玩家运动，从而控制所有敌人的移动、状态等属性。角色模块主要实现角色的运动动画、特效以及玩家和敌人的前后运动控制等功能。

(3) 地图管理器模块。

采用 DFS 算法和协程对路线进行动态生成。由于每个关卡路线不同，因此用 Scriptable Object 对路线进行设置和存储。每个点位用六位二进制数进行表示，这样更方便对数据进行修改和存储。地图管理器负责加载每个地图的数据并对路线进行自动生成，同时它也将保存地图上每一个点位的数据。为了丰富玩家在游戏过程中的视觉体验，作品将路线利用协程和 DFS 算法进行动态生成，提高执行效率的同时，也给游戏带来了更好的观感。

(4) 知识普及模块。

知识普及模块负责对玩家通关的当前关卡进行知识总结和普及，为使普及过程不显得枯燥，采用打字机加动画的形式对玩家进行知识普及。

(5) 游戏盒模块。

将滑动面板模块和切换键模块同步调用、切换，采用插值的方法达到"平滑移动"的效果；通过脚本对鼠标在面板的位置进行自动换算，选择离鼠标最近的游戏盒为目标点进行移动，实现"就近原则"的效果。

(6) 相机模块。

使用脚本控制相机，通过鼠标(手指点触)实现场景旋转、缩放等功能。

4. 作品界面设计

界面设计的原则是功能清晰并易于操作。如图 7.13 所示为作品的主界面。

7.13　系统主界面

5.比赛经验小结

本作品旨在让大家了解中国汉字的发展进程,领略汉字语言文化的博大精深,弘扬汉语言文化。所以在设计作品的时候选取了几个朝代,并将朝代中所发生的一些对汉字发展起了重大影响的事件或事物作为历史进程点,从而既学习到了汉字是如何发展的,也学会了如何去使用汉字。

游戏主体是学生和对诗词、历史感兴趣的人,作品在题目和场景中加入了诗词和历史方面的元素,可以帮助玩家重拾这些文化的记忆,从而起到弘扬汉字文化的目的。为了实现场景与题目的巧妙融合,作品在棋类游戏上增加了探索的元素,对游戏类型的融合产生1+1＞2的效果,部分界面更符合人性化、美观的设计。完成了APK封装,可以在Android端运行。

中国象棋也是中国的文化,作品采用棋类的形式,解谜的玩法,给玩家新颖的观感。将字刻在一个容器上,玩家就知道它所代表的类型;一个棋盘,就可以完成一次战役的模拟,体现了汉字的魅力。游戏第二、四关效果图如图7.14、7.15所示。

图 7.14 游戏第二关效果图

图 7.15 游戏第四关效果图

第8章 国际大学生程序设计竞赛

8.1 中国区比赛概况

国际大学生程序设计竞赛(ICPC)是世界上规模最大、水平最高的国际大学生程序设计竞赛之一。赛事由各大洲区域赛(Regional Contests)和全球总决赛(World Finals)两个主要阶段组成,每个赛季持续时间约9个月,来自全球6大洲、超过100个国家和地区的两千余所高校的近五万名大学生参与该项赛事。经过五十余年的发展,国际大学生程序设计竞赛已经成为全球最具影响力的大学生计算机竞赛,被誉为计算机软件领域的奥林匹克。竞赛提倡创新和团队协作,鼓励学生在构建全新的软件程序时尽情发挥创意,帮助学生检验自己在强压力下的工作能力,是世界各地计算机程序设计者大显身手的舞台,也是世界一流大学展现教育成果的最佳窗口。不论是区域赛还是总决赛,ICPC都一直受到国际各知名大学的重视,并受到全世界各著名计算机公司的高度关注。该比赛曾在美国的亚特兰大、加拿大的温哥华、瑞典的斯德哥尔摩、摩洛哥的马拉喀什等世界多地举办。

8.1.1 比赛规则

1. 每支参赛队由3名正式参赛队员组成。参赛队员必须是所代表院校正式注册的学生,且参赛时其高中毕业时间不超过5年。每支队伍使用一台计算机,所有队伍使用计算机的规格配置完全相同。

2. 竞赛试题数:10~13题(英文)。

3. 比赛时长:5 h。

4. 试题的解答通过局域网提交,每一次提交会被判为正确或者错误,判决结果会及时通知参赛队伍,每次不正确的提交将被加罚 20 min。

5. 根据正确解题的数目和耗时进行排名。解题数量越多的队伍排名就越靠前,如果多支队伍解题数目相同,则根据总耗时间与惩罚时间之和进行排名。

6. 竞赛时,允许参赛队员携带源代码、参考书、手册、字典等纸质参考资料,不准携带任何电子工具和电子媒质资料;比赛期间禁止以任何形式使用互联网。

7. 竞赛所用编程语言为 C、C++、Java、Python。

8.1.2 评奖规则

比赛设金奖、银奖、铜奖三个奖励等级,金奖数为正式参赛队伍总数的10%(不是整数时上取整),银奖数目为金奖数目的 2 倍,铜奖数目是金奖数目的 3 倍,优秀奖若干。部分赛站还会特别设立最佳女队奖、最佳拼搏奖等。

8.2 赛题解析

典型赛题(部分改编)如下列各表所示:

表 8.1 典型例题 1

编号	1	解题者	欠我半块小饼干
来源	https://ac.nowcoder.com/acm/problem/25043		
题目描述			

农夫约翰去砍伐木头,照例让 $N(2 \leqslant N \leqslant 100000)$ 头牛吃草。当他返回时,他惊骇地发现,那群牛在他的花园里吃着他美丽的花朵。为了最大程度地减少后续损失,约翰决定立即采取行动,将每头牛运回自己的谷仓。每头牛的位置距离自己的牛舍都只有 T_i 分钟($1 \leqslant T_i \leqslant 2000000$)。此外,在等待运输时,牛每分钟会破坏 $D_i(1 \leqslant D_i \leqslant 100)$ 朵花。无论他多么努力,约翰一次只能将一头牛运回他的谷仓。将牛移到谷仓需要 $2 \times T_i$ 分钟。约翰从花丛开始,将牛运到谷仓,然后走回花朵,无需花费额外的时间即可运输下一头牛。

续表

输入	第一行:单个整数 N。 第二到 $N+1$ 行:每行包含两个以空格分隔的整数 T_i 和 D_i,它们描述了单头母牛的特征。
输出	第一行:单个整数,它是销毁花朵的最小数量。

解题思路

典型的贪心思想,当元素的交换对答案可能有影响,但是对其他元素没有影响的时候就可用贪心算法! 假设我们现在有两头相邻搬运的牛。这两头牛交换顺序对答案可能有影响,但是对其他牛没有影响,所以贪心成立。假设两头牛分别在前面的情况,用来判断哪种情况好(这里我们假设为 A 牛和 B 牛,sum 表示在这两头牛之前花的时间):

如果先把 A 搬回去就有:sum * A. destroy+(sum+2 * A. time) * B. destroy。

如果先搬掉 B 就有:sum * B. destroy+(sum+2 * B. time) * A. destroy。

那接下来不妨设:A 在前比 B 在前要更好! 就可以得到方程:

sum * A. dedtroy+(sum+2 * A. time) * B. destroy<sum * B. destroy+(sum+2 * B. time) * A. destroy。

化简之后就是:A. time * B. destroy<B. time * A. destroy。就是说只要满足这个,A 就可以放在 B 的前面,反之亦然。

怎么写代码呢:

这里会用到一个很多贪心题都会用到的方法,结构体数组+重载运算符。sort 函数是一个特别实用的函数一定要会用,当需要用 sort 函数排序一个结构体数组时,默认是从结构体数组第一个元素排序,当第一个元素相等时排序第二个元素,以此类推,需要改变排序规则时就要用到重载运算符。

表 8.2 典型例题 2

编号	2	解题者	欠我半块小饼干
来源	https://www.acwing.com/problem/content/description/1355/		
题目描述			

农夫约翰的农场上有 N 座山,每座山的高度都是整数。在冬天,约翰经常在这些山上举办滑雪训练营。从明年开始,国家将实行一个关于滑雪场的新税法,如果滑雪场的最高峰与最低峰的高度差大于 17,国家就要收税。为此,约翰决定对这些山峰的高度进行修整。已知,增加或减少一座山峰 x 单位的高度,需要花费 x^2 的金钱。约翰只愿意改变整数单位的高度。请问,约翰最少需要花费多少钱,才能够使得最高峰与最低峰的高度差不大于 17。

输入	第一行包含整数 N。 接下来 N 行,每行包含一个整数,表示一座山的高度。
输出	输出一个整数,表示最少花费的金钱。
解题思路	

仔细读题后会发现,山峰的高度变换后,可能导致一系列问题,比如最高峰和最低峰变成了其他山峰,因为有后效性,所以无法直接使用贪心。

观察到本题的数据比较小,那么可以去枚举每个区间 $[l,r]$,即 $[1,18]$,…,$[i, i+17]$,…,$[83,100]$;然后找出使得花费最小的一对 l、r 对应的花费即可。

表 8.3 典型例题 3

编号	3	解题者	欠我半块小饼干
来源	https://ac.nowcoder.com/acm/problem/14661		
题目描述			

栗酱发现了一道很有意思的数据结构题。该数据结构形如长条形。
一开始该容器为空,有以下七种操作:
1. 从前面插入一个元素 a;
2. 从前面删除一个元素 a;
3. 从后面插入一个元素 a;
4. 从后面删除一个元素 a;
5. 将整个容器头尾翻转;
6. 输出个数和所有元素;
7. 对所有元素进行从小到大排序。

输入	只有一组数据,第一行 $n \leqslant 50000, m \leqslant 200000, a \leqslant 100000$ 代表最大数据数目和操作次数。接下来每一行一个操作如上描述。保证所有操作合法(不会在容器为空时删除元素)。6、7 操作共计不会超过 10 次。
输出	当执行 6 操作时,第一行先输出当前的个数,然后从头到尾按顺序输出,每两个元素之间用一个空格隔开,末尾不能有空格。
解题思路	

可以使用暴力枚举,也可以使用:标准模板库(STL)模板,C++中的 STL 模板库初学者需要自学掌握。

表 8.4　典型例题 4

编号	4	解题者	欠我半块小饼干
来源	https://ac.nowcoder.com/acm/problem/15808		
题目描述			
平面上有若干个点,从每个点出发,你可以往东南西北任意方向走,直到碰到另一个点,然后才可以改变方向。请问至少需要加多少个点,使得点对之间互相可以到达。			
输入	第一行一个整数 n 表示点数($1 \leqslant n \leqslant 100$)。 第二行 n 行,每行两个整数 x_i,y_i 表示坐标($1 \leqslant x_i$, $y_i \leqslant 1000$)。 y 轴正方向为北,x 轴正方形为东。		
输出	输出一个整数表示最少需要加的点的数目。		
解题思路			

　　本题可以使用并查集,重点在于对 find 函数和 merge 函数的理解。并查集不好理解的地方在于数组元素下标和元素值之间的混淆,学习并查集时可在纸上写出下标与值的对应关系方便理解。题目很清晰了,同行同列的就是同一个集合里面的。也就是求出这样的连通块的数量,减 1 输出就好了(因为两个连通块之间只要一个点相连就可以了)。

表 8.5　典型例题 5

编号	5	解题者	欠我半块小饼干
来源	https://www.acwing.com/problem/content/description/792/		
题目描述			
给定一个浮点数 n,求它的三次方根。			
输入	共一行,包含一个浮点数 n。		
输出	共一行,包含一个浮点数,表示问题的解。注意,结果保留 6 位小数。 数据范围:$-10000 \leqslant n \leqslant 10000$。		
解题思路			

　　小数二分题,小数二分一般要比整数二分简单(不用考虑边界),本题思维很简单,不断折半查找即可。

表 8.6　典型例题 6

编号	6	解题者	欠我半块小饼干
来源	https://www.acwing.com/problem/content/description/791/		
题目描述			

给定一个按照升序排列的长度为 n 的整数数组,以及 q 个查询。对于每个查询,返回一个元素 k 的起始位置和终止位置(位置从 0 开始计数)。如果数组中不存在该元素,则返回"-1 -1"。

输入	第一行包含整数 n 和 q,表示数组长度和询问个数。第二行包含 n 个整数(均在 1~10000 范围内),表示完整数组。接下来 q 行,每行包含一个整数 k,表示一个询问元素。
输出	共 q 行,每行包含两个整数,表示所求元素的起始位置和终止位置。如果数组中不存在该元素,则返回"-1 -1"。 数据范围 $1 \leqslant n \leqslant 100000, 1 \leqslant q \leqslant 10000, 1 \leqslant k \leqslant 10000$。
解题思路	

整数二分题,整数二分边界一定要处理好,本题用到了两个整数二分的模板,做其他题时可根据需要选择其一使用。查找得到查询值最左边下标和最右边下标输出即可。

表 8.7　典型例题 7

编号	7	解题者	欠我半块小饼干
来源	https://ac.nowcoder.com/acm/problem/15669		
题目描述			

XHRlyb 和她的小伙伴 Cwbc 在玩捉迷藏游戏。Cwbc 藏在多个不区分大小写的字符串中。好奇的 XHRlyb 想知道,在每个字符串中 Cwbc 作为子序列分别出现了多少次。由于 Cwbc 可能出现的次数过多,你只需要输出每个答案对 2000120420010122 取模后的结果。聪明的你在仔细阅读题目后,一定可以顺利地解决这个问题!

续表

输入	输入数据有多行,每行有一个字符串。
输出	输出数据应有多行,每行表示一个答案取模后的结果。

解题思路

简单的动态规划问题。动态规划是一种很好的解决问题的方法,可以看作暴力的进化版! 本题思路:

$dp[1]$ 表示 c 的个数。

$dp[2]$ 表示 cw 的个数。

$dp[3]$ 表示 cwb 的个数。

$dp[4]$ 表示 cwbc 的个数。

最后直接输出 $dp[4]$ 就可得到答案。

第 9 章 "蓝桥杯"全国软件和信息技术专业人才大赛

9.1 竞赛规则说明(软件类个人赛)

9.1.1 C/C++/JAVA 组/Python 组

1. 组别

分为:研究生组、大学 A 组、大学 B 组和大学 C 组。

每位选手只能申请参加其中一个组别的竞赛。各个组别单独评奖。

研究生只能报研究生组。重点本科院校(985、211)本科生只能报研究生组或大学 A 组。其他本科院校本科生可报大学 B 组及以上组别。其他高职高专院校可自行选择报任意组别。

2. 竞赛赛程

省赛时长:4 h。决赛时长:4 h。

详细赛程安排以组委会发布信息为准。

3. 竞赛要求

个人赛,一人一机,全程机考。

4. 试题形式

竞赛题目完全为客观题型,具体题型及题目数量以正式比赛时赛题为准。根据选手所提交答案的测评结果为评分依据。

(1) 结果填空题。

题目描述一个具有确定解的问题。要求选手对问题的解填空。

(2) 编程大题。

题目包含明确的问题描述、输入和输出格式,以及用于解释问题的样例数据。

5. 试题考查范围

试题考查选手解决实际问题的能力,对于结果填空题,选手可以使用手算、软件、编程等方法解决,对于编程大题,选手只能编程解决。

考查范围包括:以下范围中标 * 的部分只限于研究生组和大学 A 组。

计算机算法:枚举、排序、搜索、计数、贪心、动态规划、图论、数论、博弈论 * 、概率论 * 、计算几何 * 、字符串算法等。

数据结构:数组、对象/结构、字符串、队列、栈、树、图、堆、平衡树/线段树、复杂数据结构 * 、嵌套数据结构 * 等。

6. 答案提交

选手只有在比赛时间内提交的答案内容是可以用来评测的,比赛之后的任何提交均无效。选手应使用考试指定的网页来提交代码。

7. 评分

全部使用机器自动评分。提交的程序应严格按照输出格式的要求来输出,包括输出空格和换行的要求。如果程序没有遵循输出格式的要求将被判定为答案错误。

9.1.2 Web 应用开发组

1. 组别

Web 应用开发分为:大学组和职业院校组。每位选手只能申请参加其中一个组别的竞赛,各个组别单独评奖,研究生和本科生只能报大学组,其他高职高专院校可自行选择报任意组别。

2. 竞赛赛程

省赛时长:4 h。决赛时长:4 h。

详细赛程安排以组委会发布信息为准。

3. 竞赛要求

个人赛,一人一机,全程机考。

4. 试题形式

试题均为场景实战题(编程实操),选手根据需求说明,通过完善程序代码、配置和管理项目的形式,排除程序错误,完成预期需求。

5. 试题考查范围

试题考查选手解决实际问题的能力。侧重考查选手阅读、分析、理解需求,实现功能性需求,实现非功能性需求方面的能力。

6. 答案提交

选手只有在比赛时间内提交的答案内容是可以用来评测的,比赛之后的任何提交均无效。选手应使用考试指定的网页来提交代码。

7. 评分

全部题目将使用前端自动化测试技术完成机器自动评分。

9.1.3 软件测试组

1. 组别

具有正式学籍的在校全日制研究生、本科及高职高专学生(以报名时状态为准)可报名参赛,以个人为单位进行比赛,本次比赛设大学组。

2. 竞赛赛程

省赛时长:4 h。决赛时长:4 h。
详细赛程安排以组委会发布信息为准。

3. 竞赛要求

个人赛,一人一机,全程机考。

4. 赛题类型、数量、分值、评分标准、评分细则

(1) 试题总分值为 150 分,选手所提交答案的测评结果将会作为评分依据。
(2) 选手可自行选择 Java 或者 Python 语言中的任意一门编程语言参赛。
(3) 竞赛题目分为 3 个部分,功能测试、自动化测试和单元测试。
(4) 共有 2 个题型,具体题型及题目数量以正式比赛时赛题为准。

设计题:功能测试属于主观题,主要考察测试用例的设计能力以及发现缺陷的能力,选手基于被测系统,按照试题要求,使用大赛提供的固定模板的 Excel 文件填写答案。

编程大题:自动化测试和单元测试属于编程题,题目包含明确的问题描述、输入和输出格式,以及用于解释问题的样例数据。编程大题所涉及的问题一定是有明确客观的标准来判断结果是否正确,并可以通过程序对结果进行评判。

5. 答案提交

选手只有在比赛时间内提交的答案内容是可以用来评测的,比赛之后的任何提交均无效。选手应使用考试指定的网页来提交代码,任何其他方式的提交(如邮件、U 盘)都不作为评测依据。每道试题可以重复提交答案,以最后一次提交的答案为准并作为评测的依据。

9.2 竞赛规则说明(电子类个人赛)

9.2.1 单片机组竞赛规则

1. 分组说明

竞赛分为大学组和职业院校组两个组别,单独评奖。

每位选手只能申请参加其中一个组别的竞赛。研究生、本科院校学生只能报大学组,高职高专学生可自行选择报大学组或职业院校组。

2. 竞赛用时

预赛时长:5 h。决赛时长:5 h。

详细赛程安排以组委会发布信息为准。

3. 竞赛形式

个人赛,一人一机,全程机考。

4. 试题形式

竞赛试题由客观题和基于统一硬件平台的程序设计与调试试题两部分组成,具体题型及题目数量以正式比赛时赛题为准。

(1) 客观题。

1) 选择题。选手根据题目描述,选择若干个答案。

2) 填空题。题目描述一个具有确定解的问题,选手根据题目要求填写唯一答案。

(2) 程序设计与调试试题。

1) 硬件平台。四梯单片机竞赛实训平台(单片机型号为IAP15F2K61S2)。

2) 试题形式。参赛选手在规定时间内,基于单片机竞赛实训平台,按照试题要求,使用C语言或汇编语言完成综合案例的设计开发与调试任务。

5. 试题涉及的基础知识

试题综合考察选手运用单片机相关知识解决工程实际问题的能力。包括：C 程序设计基础知识、模拟/数字电子技术基础、MCS-51 单片机基础知识、MCS-51 单片机综合程序开发与调试。

6. 评分要求

客观题:15%;程序设计与调试试题:85%。

客观题:答案唯一,每题只有 0 分或满分,全部机器阅卷。硬件平台程序设计与调试试题:根据选手功能完成情况进行打分。

9.2.2 嵌入式组竞赛规则

1. 参赛资格

具有正式全日制学籍的研究生、本科及高职高专学生(以报名时状态为准)。

2. 竞赛用时

预赛时长:5 h。决赛时长:5 h。

详细赛程安排以组委会发布信息为准。

3. 竞赛形式

个人赛,一人一机,全程机考。

4. 试题形式

竞赛试题由客观题和基于统一硬件平台的程序设计与调试试题两部分组成,具体题型及题目数量以正式比赛时赛题为准。

(1) 客观题。

1) 选择题。选手根据题目描述,选择若干个答案。

2) 填空题。题目描述一个具有确定解的问题,选手根据题目要求填写唯一答案。

(2) 程序设计与调试试题。

1) 硬件平台为四梯嵌入式竞赛实训平台。

2) 试题形式为参赛选手在规定时间内,基于竞赛平台,按照试题要求使用C语言或汇编语言完成设计开发与调试任务。

3) 软件预装为Keil MDK-ARM集成开发环境(推荐安装5.0以上版本)、STM32 Cube MX配置工具(推荐安装5.3.0及以上版本)、竞赛平台USB转串口驱动程序。

5. 试题涉及的基础知识

试题综合考察选手运用STM32微控制器相关知识解决工程实际问题的能力。包括:

C程序设计基础知识、模拟/数字电子技术基础、ARM Cortex M4软件编程与调试、基于STM32微控制器的程序开发与应用。

6. 评分要求

客观题:15%;程序设计与调试试题:85%。

9.2.3 物联网组竞赛规则

1. 参赛资格

具有正式全日制学籍的研究生、本科及高职高专学生(以报名时状态为准)。

2. 竞赛用时

预赛时长:5 h。决赛时长:5 h。

详细赛程安排以组委会发布信息为准。

3. 竞赛形式

个人赛,一人一机,全程机考。

4. 试题形式

竞赛试题由客观题和基于统一硬件平台的程序设计与调试试题两部分组成,具体题型及题目数量以正式比赛时赛题为准。

(1) 客观题。

1) 选择题。选手根据题目描述,选择若干个答案。

2) 填空题。题目描述一个具有确定解的问题,选手根据题目要求填写唯一答案。

(2) 程序设计调试试题。

1) 硬件平台为四梯单片机竞赛实训平台。

2) 试题形式为选手根据竞赛现场提供的技术支持资料,按照试题要求使用C/C++完成试题要求的程序设计开发与调试任务。

5. 试题涉及的基础知识

试题综合考察选手运用STM32微控制器和无线通信相关知识解决物联网实际应用问题的能力。包括:电路基础知识、模拟、数字电子技术基础知识、C语言程序设计、无线传感器网络技术、微控制器编程技术和传感器应用技术。

6. 评分要求

客观题:15%;程序设计与调试试题:85%。

9.2.4 EDA组竞赛规则

1. 参赛资格

具有正式全日制学籍的研究生、本科及高职高专学生(以报名时状态为准)。

2. 竞赛用时

预赛时长:5 h。决赛时长:5 h。

详细赛程安排以组委会发布信息为准。

3. 竞赛形式

个人赛,一人一机,全程机考。

4. 试题形式

竞赛试题由客观题和设计试题两部分组成,具体题型及题目数量以正式比赛时赛题为准。

(1) 客观题。

1) 选择题。

2) 填空题。

(2) 设计试题。

试题包含元件符号和封装的设计、原理图设计、印制电路板(PCB)设计和工程生产文件输出,选手需要使用嘉立创 EDA(专业版)设计软件和大赛组委会提供的试题数据包,根据试题的要求新建、设计和输出各类文件。

5. 试题涉及的基础知识

竞赛侧重考查选手对电子电路基础知识的灵活运用能力和使用软件设计电子电路原理图与印制线路板的能力。主要考查范围如下:

数字、模拟电路基础知识、电子元器件参数与选型、原理图识图、原理图和 PCB 绘制、原理图设计环境参数设置、PCB 设计环境参数和设计规则设置、设计规则检查、工程生产文件输出。

6. 评分要求

客观题:15%;设计试题:85%。

9.3 备赛指导

9.3.1 单片机组实训平台分析

1. 单片机竞赛实训平台——IAP15F2K61S2 单片机

如图 9.1 所示，在"蓝桥杯"单片机设计与开发项目竞赛中，使用的是 IAP15F2K61S2 单片机，是单时钟/机器周期（1T）单片机，具有高速、高可靠、低功耗、超强抗干扰等优点。

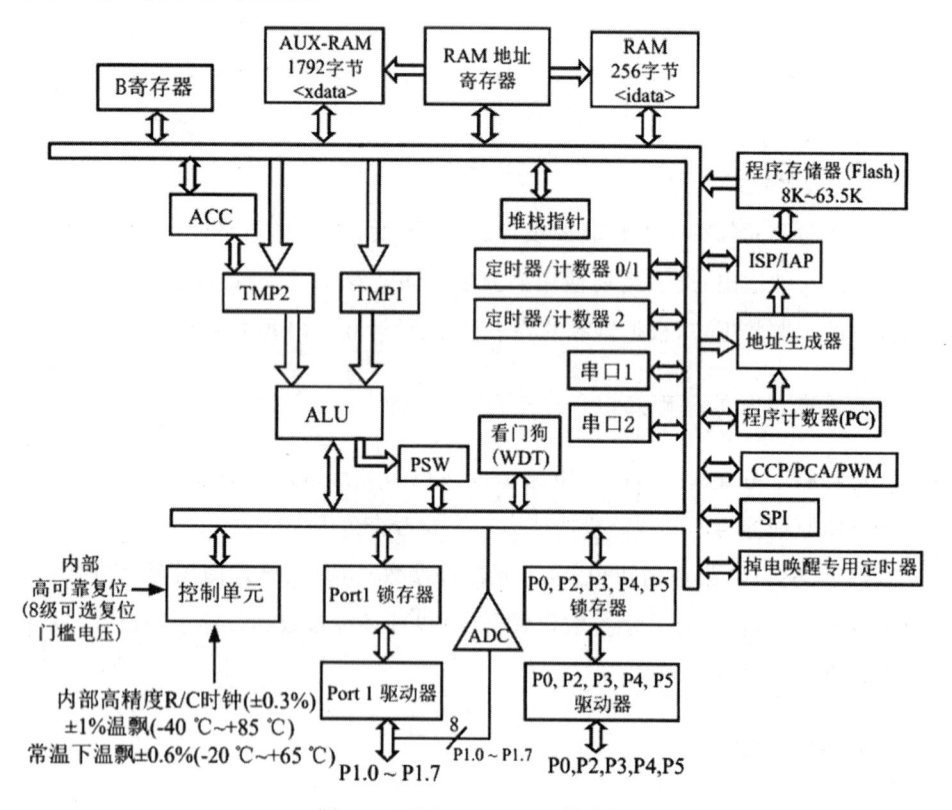

图 9.1 IAP15F2K61S2 单片机

2. 单片机竞赛实训平台——CT107D 单片机竞赛开发板

(1)"蓝桥杯"单片机设计与开发项目竞赛中使用 CT107D 开发板,简化方框图如图 9.2 所示,与编程有关的器件说明如表 9.1 所示。

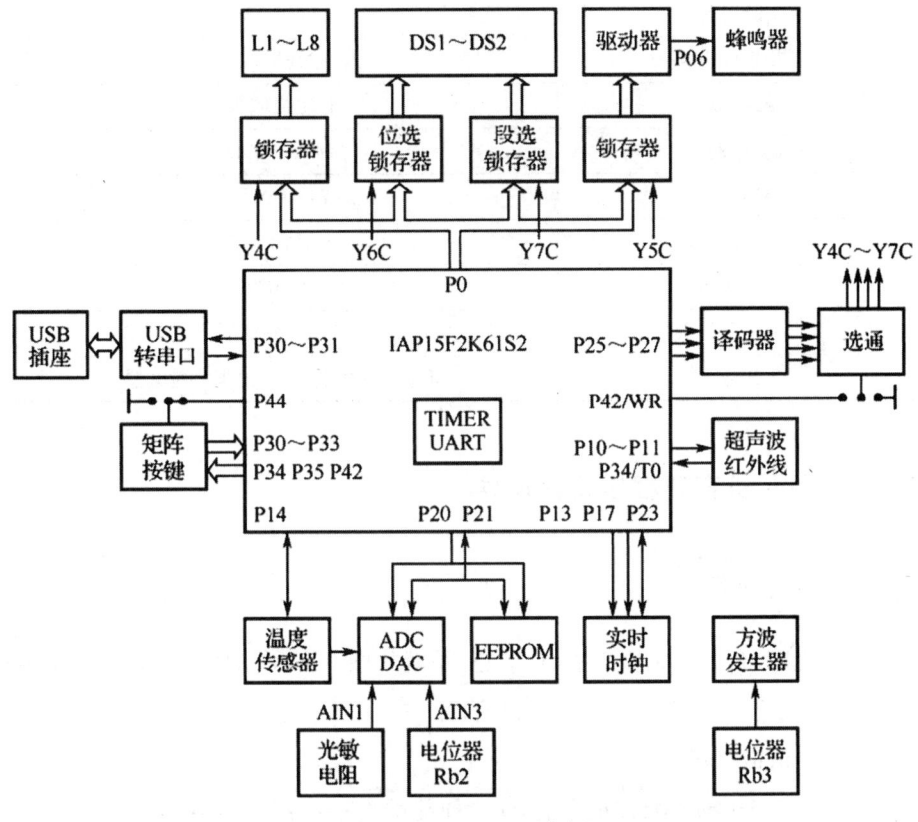

图 9.2 CT107D 开发板

表 9.1 与编程有关的器件

器件名称	器件规格型号
单片机(MCU)	IAP15F2K61S2(贴片式)
下载芯片	CH340(USB 转串口)
数码管	共阳数码管
A/D、D/A 转换器	PCF8591T

续表

器件名称	器件规格型号
温度传感器	DS18B20
超声波收发器	R:CX20106A、T:74LS04
实时时钟	DS1302
时基集成电路	NE555
蜂鸣器	有源蜂鸣器
锁存器	74HC573D
或非门	74HC02D
3—8译码器	74HC138D
EEPROM	AT24C02
功率电子开关	ULN2003A
其他	LED灯、三极管、光敏电阻、继电器等

9.3.2 单片机竞赛程序设计指导

1.学习电路图

点亮LED灯之前需要做的工作是：看懂如图9.3所示的电路原理图。通过三个步骤：

(1) 认识锁存器。

打开M74HC573M1R锁存器，注意使能端LE控制锁存器的开与关。

(2) 跟踪Y4。

由原理图9.3可知，Y4C控制着锁存器的使能端LE，即需要把Y4C置为高电平后，锁存器才能进行存。然后，由原理图可知，Y4C由Y4控制，Y4与Y4C之间通过一个或非门搭接，只需把或非门的另一端通过J13与GND相连，就可通过Y4直接控制Y4C，当Y4为低时，Y4C为高。

(3) 控制译码器。

最后，Y4受74HC138译码器控制。通过查看74HC138的真值表，便可知如何控制 Y4～Y7。

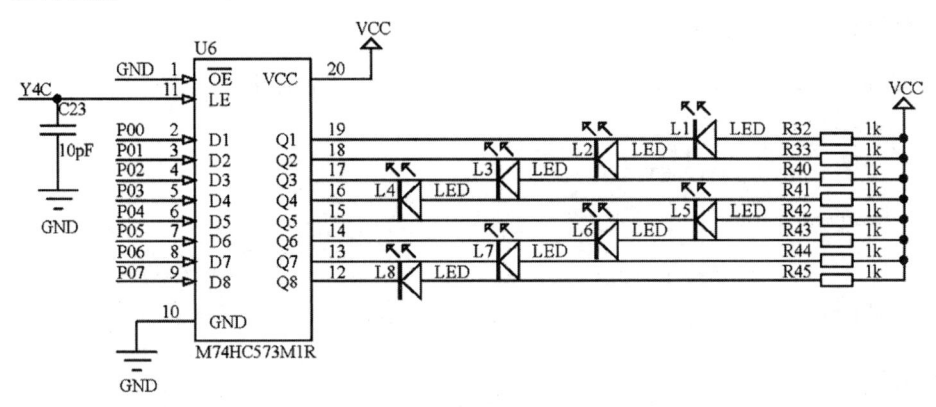

图 9.3　电路原理图

2. 在 Keil 中建工程

安装好了 Keil 及各类驱动后,建立首个工程。

(1) 导入单片机 IAP15f2k61s2 需要的头文件到 Keil 中。

直接从 STC 官网下载 ISP 软件的最新版本。打开 ISP 软件后,首先选择"Keil 仿真设置",然后点击"添加型号和头文件到 Keil 中",然后按照软件的提示去选择 Keil 的目录,点击"确认"后,会提示"导入成功"。

(2) 建立 Keil 开发工程。

打开 Keil 以后,点击"project",然后再点击"New uVision Project",之后会弹出一个对话框,需要填入工程的名字并选择把创建的工程文件放到哪个文件夹中,做完这一步后,点击"保存"后,会弹出一个对话框,提示去选择单片机的型号,这里选择"STC MCU Database",因为单片机是 STC 的。然后进一步选择"STC15F2K60S2"型号,点击"OK"后,会弹出一个对话框询问是否需要复制一个起始代码加入本工程中,选择"否",至此,新工程就创建完成。

(3) 添加各类.c 和.h 文件到工程中。

点击"File"->"New",然后点击"Save"填写刚刚创建的这个文件的名字,一般第一个文件以 main.c 来命名,.c 前面的名字可以根据该文件的作用来填写,但是后缀必须以.c 来结尾。保存好了之后,要把此文件关联到此工程中,鼠标右键点击"source group"—＞选择"Add Existing Files to Group …",这样编译器编译时才会编译这个.c 文件。

首先,要在 main.c 文件中加入单片机的头文件。空的 main.c 源代码如下:

```
//空的 main.c
#include<STC15F2K60S2.h>
void main(void)
{
while(1);
}
```

点击"rebuild"编译整个工程,如果没有报错,说明工程已经成功建立。最后记得打开"Target options"—＞ "Output"勾选"create HEX File",这样编译后才会生成 HEX 文件,该文件将被烧写到开发板 MCU 中的非易失存储器 Flash 内。

9.3.3 嵌入式竞赛实训平台硬件结构

嵌入式竞赛实训平台 CT1117E-M4 以 STM32G431RBT6 为主控芯片,预留了扩展板接口,可为用户提供丰富的应用场景。嵌入式竞赛实训平台实物如图 9.4 所示。

图 9.4 嵌入式竞赛实训平台实物图

STM32G431RBT6 器件基于高性能 Arm Cortex -M4 32 位 RISC 核心，其工作频率高达 170 MHz。Cortex-M4 核具有单精度浮点单元(FPU)，它支持所有 Arm 单精度数据处理指令和所有数据类型，它实现了一套完整的数字信号处理指令(DSP)和内存保护单元(MPU)，增强了应用程序的安全性。它还嵌入了高速内存(128KB 的闪存和 32KB 的 SRAM)，增强性能的 I/O 接口和两个 APB 总线。该芯片还为嵌入式闪存和 SRAM 提供了保护机制，包括：读取保护、写保护、安全的内存区域和专有代码读出的保护。

CT117E-M4 实训平台的硬件结构如图 9.5 所示。

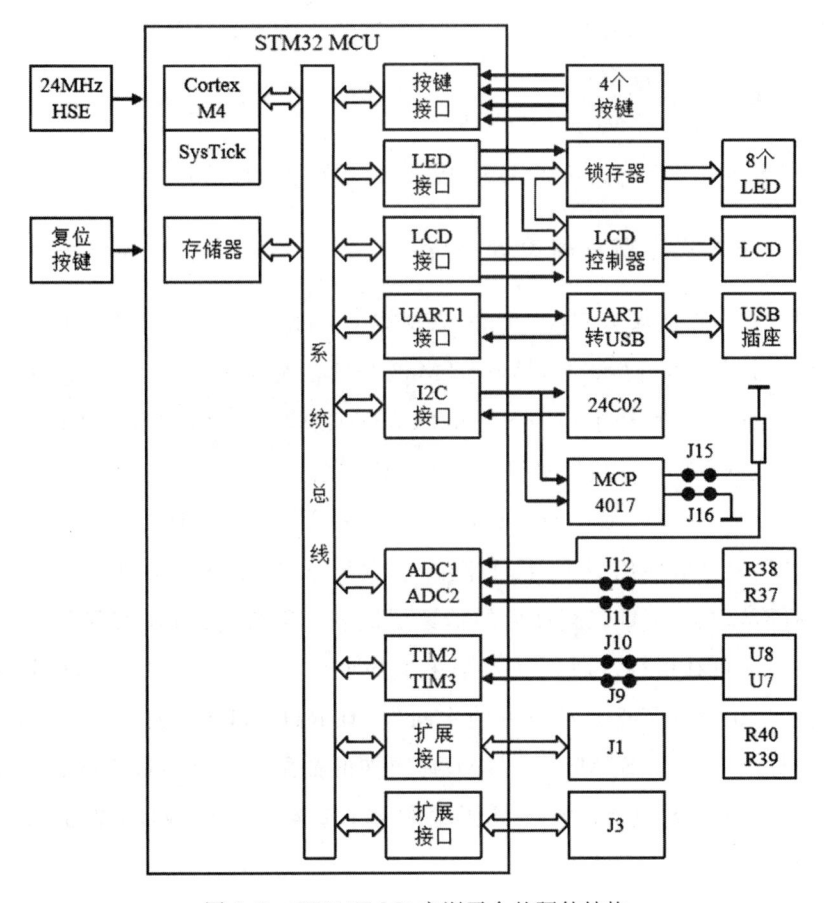

图 9.5 CT117E-M4 实训平台的硬件结构

平台上的硬件资源包括：

1) MCUSTM32G431RBT6。

2) 4个独立按键。

3) EEPROMAT24C02。

4) 8个LED指示灯。

5) 一个UART(转USB)。

6) 2个扩展接口。

7) 2.4寸TFT-LCD。

8) 2个可调模拟输入。

9) 2个可调脉冲输入。

10) 数字电位器MCP4017。

11) 板载SWD调试功能(USB接口，无需外接调试器)。

9.3.4 嵌入式竞赛程序设计指导

嵌入式竞赛是基于HAL库和STM32 CubeMX工具开发，STM32 CubeMX是一个简单的开发工具，学习STM32开发必须掌握，这样可以简化敲代码的过程。通常，参赛选手利用STM32 CubeMX建好工程，再利用Keil MDK-ARM集成开发环境写代码和编译生成HEX文件。

HAL是Hardware Abstraction Layer的缩写，中文名称是：硬件抽象层。HAL库工程一般使用Cube软件来生成工程。HAL库是意法半导体(ST)公司为STM32的MCU最新推出的抽象层嵌入式软件，更方便实现跨STM32产品的最大可移植性。而且是未来主推的方向，正在不断更新。HAL库推出的同时，也加入了很多第三方的中间件，有RTOS、USB、TCP/IP和图形等等。和标准库相比，STM32的HAL库更加的抽象，ST公司最终的目的是要实现在STM32系列MCU之间无缝移植，甚至在其他MCU也能实现快速移植。

HAL库相对标准库更加复杂，能够适应不同的ST芯片的应用，应用更加广泛，但是编程直接和硬件联系，所以相对于标准库来说开发者更难上手。

不过,对于熟悉标准库的开发者来说,基于 HAL 库的开发技能较容易掌握。

1. 开发前期准备

1) 安装串口驱动(通过设备管理器),若为 windows10 则不需手动安装。

2) 在 CubeMX 中安装 HAL 库。

3) 在 Keil 中安装 STM32G431RBT6 器件包。

4) 第一个程序入门——点灯。

2. 操作过程步骤

1) 在 CubeMX 中新建工程,选择芯片型号。

2) 使能必要 IO 口:RCC_OSC_IN and RCC_OSC_OUT(External crystal oscillator)、SWDIO and SWCLK(CMSIS DAP Link)。

3) 配置时钟 Clock Configuration。外部时钟设置为 24 MHz,第一个选择器选择 HSI 即内部 RC 振荡器(没用 HSE 是因为引脚与 LED 冲突),PLLM 为 2 分频,PLL 内部先乘 20 再除以 2,最终为 80 MHz,第二个选择器选择 PLL-CLK,后 APB1 和 APB2 总线时钟均设置为 80 MHz(此设置根据官方学习程序配置)。

4) 在 Project Manager 中,确定工程名称、位置、IDE,GENERATE CODE 生成工程。

5) 在 Keil 中,打开 Options for Target(魔法棒),Output 勾选 Create HEX File,Debug 菜单右上角选择 CMSIS-DAP Debugger,进入 Setting,Port 选择 SW,Max Clock 选择 10 MHz,如果插上开发板(注意板子有两个接口,插上 DOWNLOAD 接口),在 SW Device 中可以看到芯片 IDCODE 和 Name,进入 Flash Download 选择 Erase Full Chip,Reset and Run,然后下方 Add 添加 Flash 编程算法,选择 STM32G4X,128 K,确定保存。

6) 编译,下载,可以看到程序下载成功,但是 LED 灯不稳定,原因是锁存器芯片 SN74HC573 引脚电平不稳定,可以不用管。

从图 9.6 所示的电路中可以看出,LED 灯的负极通过锁存器与 MCU 的

PC8~PC15 相连。注意:在 CubeMX 中找到 LED 灯对应的引脚 PC8~PC15,将它们全部配置为输出模式,如图 9.7 所示。同时,PD2 引脚连接锁存器芯片 SN74HC573 的锁存允许控制,也要配置为输出模式。在 System Core 中点击 GPIO。将 PC8 到 PC15 全选,将它们配置为 High,这样就默认为关闭 LED 灯。

点灯项目的工程文件结构如图 9.8 所示。

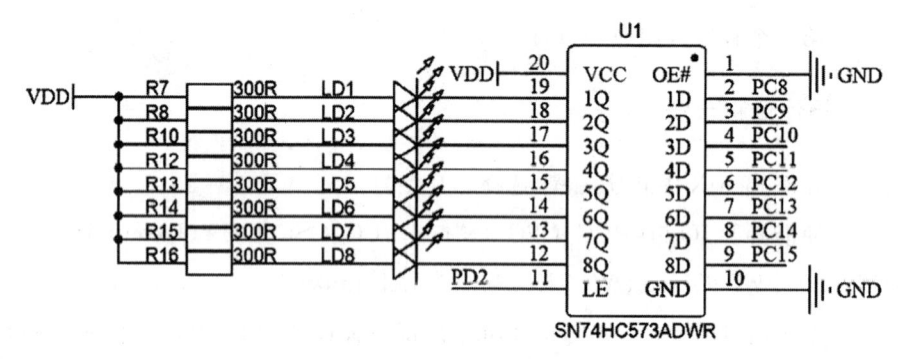

图 9.6 CT117E-M4 实训平台电路图

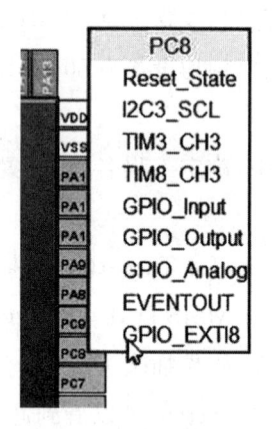

图 9.7 电路配置输出模式

第 9 章 "蓝桥杯"全国软件和信息技术专业人才大赛 ❖

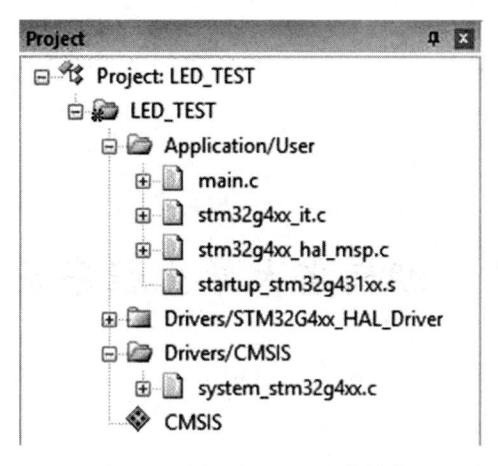

图 9.8 点灯项目工程文件结构

第 10 章　湖南省大学生程序设计大赛

10.1　应用开发类

10.1.1　项目作品类别

1. Web 应用开发类

参赛项目不设固定赛题。通过 Web 应用软件开发项目,培养学生基于 Web 设计轻应用化软件的能力;掌握主流软件开发模式和开发技术。作品一般是 B/S 模式(即浏览器端/服务器端应用程序),客户端通过浏览器与 Web 服务器进行数据交互。

2. 移动终端开发类

参赛项目不设固定赛题,典型参赛作品例如:

(1) 移动生活。如移动智能家居状态查询或控制软件,支持医疗健康、交通旅游、文化学习等活动的辅助软件;用于生活辅助的可与移动终端互联或直接接入移动网络的可穿戴式设备等。

(2)移动商务。移动商务是一种新型的低碳商务办公模式,能为企业和社会节约资源,减少排放。如移动支付、移动采编、信息分享、移动办公、移动金融、移动政务、移动营销等。

(3)移动云服务与安全。移动云服务是云计算技术在移动互联网中的应用。参赛队伍可针对企业云服务、个人云服务和公共云服务及其安全等问题,提交竞赛作品。

(4)其他根据移动终端或移动互联网领域的特征和未来发展趋势拟定的参赛题目。

3. 嵌入式软件类

参赛队伍自主选择嵌入式集成芯片或开发平台,设计参赛内容、搭建应用系统,完成参赛作品,参赛作品要有特色、有创意、有工程背景或应用价值;设计方案应适宜嵌入式芯片与系统技术特点,最大限度地发挥嵌入式芯片或开发平台的效能。典型参赛作品例如:

(1)物联网应用。包括城市交通、医疗、港口物流、环境监测、多网融合等方面的嵌入式软件产品。

(2)消费类电子。指围绕个人、家庭消费者应用而设计的与生活、娱乐、工作等相关的软件产品。

(3)工业应用。应用于工业领域,如数控装置、工业机器人、机电一体化机械设备等的嵌入式软件产品。

(4)信息安全类。

以信息安全技术与应用设计为主要内容,可涉及密码算法、安全芯片、防火墙、入侵检测系统、电子商务与电子政务系统安全、VPN、计算机病毒防护等,但不限于以上内容。

10.2 机器人类

10.2.1 机器人高尔夫竞赛规则

1. 比赛用球

比赛用球为标准高尔夫球。参赛者可以根据需要，选定球的颜色，如黄色，红色等（白色不利于识别，因为场地边界也是白色）。由于是标准高尔夫球，参赛者可以自备高尔夫球，也可以使用竞赛承办方提供的比赛用球（直径不大于 5 cm）。

2. 球杆

可选用儿童玩具球杆，高度 40～50 cm。比赛时，机器人（如 NAO）需手握球杆行走，参赛队需考虑其行走的平衡性（如握杆姿势，行走姿态等）。机器人持杆姿态如图 10.1 所示：

图 10.1 高尔夫机器人

3. 球洞

如图 10.2 所示,球洞直径为 15 cm,深 5 cm。球洞内部为蓝色。球洞中央竖置一个杆,杆体为黄色(有利于远距离识别杆的位置),直径为 5 cm。杆顶为一个边长为 11 cm 的正方体,正方体是四面都贴有不同的 NAO Mark 标记,便于参赛队搜索和定位球洞。

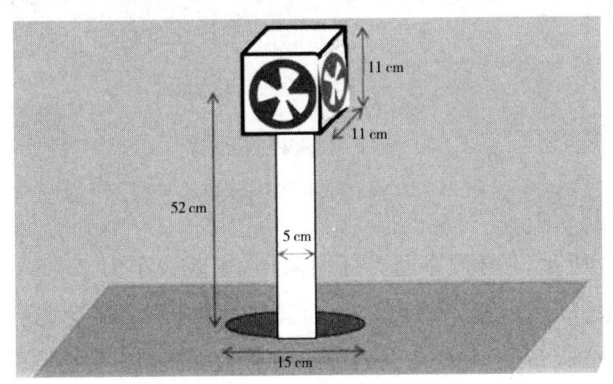

图 10.2 高尔夫机器人球洞示意

前方:(从起点位置看)为 NAO Mark 64。
右侧:(从起点位置看,右侧表面)为 NAO Mark 107。
左侧:(从起点位置看,左侧表面)为 NAO Mark 112。
后方为 NAO Mark 108。

4. 场地

为了便于机器人行走与颜色识别,选用短绒地毯(偏硬,平整),颜色为草绿色,分为 3 个场地。每个场地周围用不同颜色地毯覆盖,边界用白色线条标示。

1号洞：

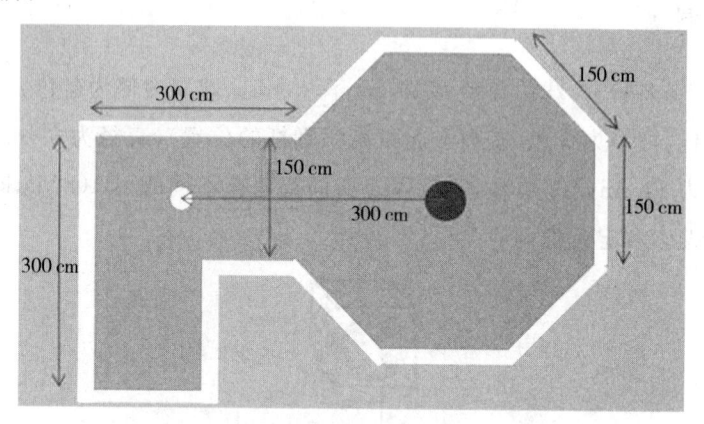

图 10.3　高尔夫机器人球场 1 号洞

如图 10.3 所示，1 号洞中间无任何阻挡，场地大小为 2×5 m，球洞距离开球点 3 m。球场周边用除了绿色之外的其他颜色（同一平面，只是地毯颜色不同）覆盖，用白色线条（宽度约 6 cm）标明边界。

如图 10.4 所示，2 号洞：引入障碍物，放置位置如图。长度为 15 cm（高度 20 cm，厚度 15 cm）的白色木块。

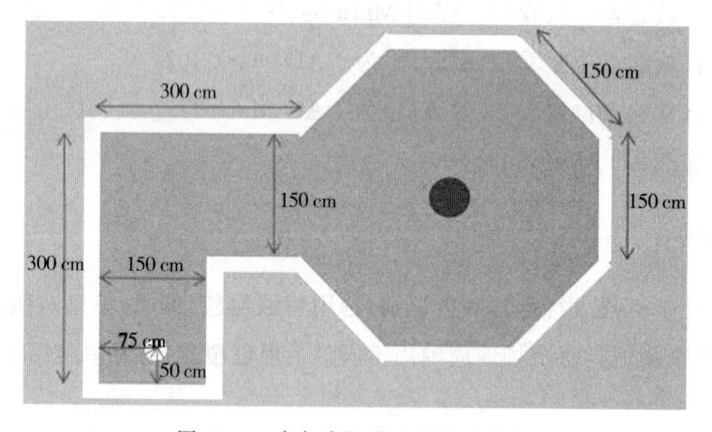

图 10.4　高尔夫机器人球场 2 号洞

3 号洞：白色区域表示边界。大小及形状如图 10.5 所示。

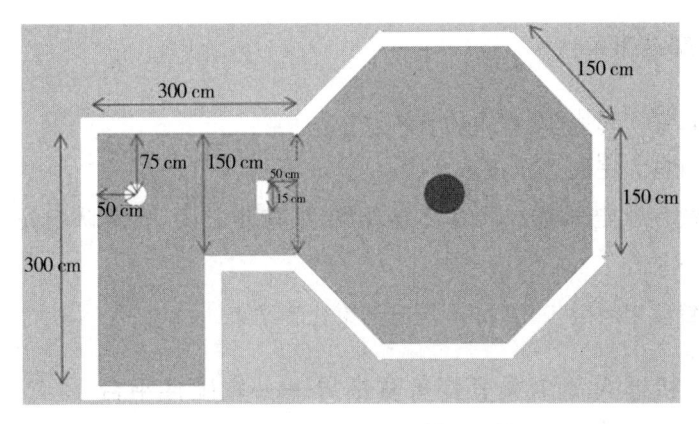

图 10.5　高尔夫机器人球场 3 号洞

5. 规则

机器人放置:开场前,球会置于起点位置,参赛队可将机器人放置于场内进行开球。可以用语音或触摸指令来控制机器人开始击球,并完成整个进洞过程,整个过程必须是机器人自主完成的。比赛开始时间由裁判确定。

击球:机器人禁止用除球杆外的其他部位击球。如发生,将罚 1 分。

出界:击球出界时,裁判将球放置到边界上,让机器人继续击球,并罚 1 分。

暂停:机器人在完成整个 3 个洞的比赛时,参赛队有一次要求暂停的机会,例如更换电池,其时间长短必须合理,否则将罚 1 分。

放弃某个球洞:机器人在完成整个 3 个洞的比赛时,参赛队可以放弃当前球洞,前往下一个球洞继续完成比赛。

杆数:如机器人无法在 10 杆内完成比赛,则比赛结束。

评分:各队先评比进球数(1 个,2 个或 3 个都进),在进球数相等情况下分数总和最少的获胜。分数总和为击球总次数＋罚分。如进球数和分数总和都一样的情况下,用时少的获胜。

机器人摔倒:如机器人在比赛中途摔倒,可由裁判进场重新将球杆放置在机器人手中。(注:参赛队需考虑编写摔倒爬起来后迎接球杆的动作!)

6.比赛结束条件

(1) 机器人完成 10 杆击球。

(2) 机器人完成 3 个进球。

(3) 裁判认定球队有严重犯规现象,如拖延时间,参赛队中途进场干预比赛。

(4) 每队用时限于 40 min,用时结束比赛结束。

10.2.2 机器人高尔夫竞赛备赛指导——软硬件平台

1. NAO 机器人硬件平台

NAO 机器人本身是一个标准平台,它全身有 25 个自由度,可以完成一些较为复杂的动作,头部搭载 2 个摄像头;在双脚、双手等部位配有压力传感器可以检测是否碰到障碍物;胸前有超声波传感器可以用于检测前方的障碍物;头部配有麦克风、扬声器等感知元件可以用于接收语音指令和报告当前状态等。

在比赛中,机器人视觉的作用至关重要,NAO 机器人搭载的摄像头可以实现最高每秒 30 帧的 YUV422 图像,分辨率为 640 像素×480 像素。机器人水平视野范围为 47.8°,垂直视野范围为 36.8°。

NAO 机器人的操作系统为 Gentoo Linux,它支持 Windows、Linux、Mac OS 等操作系统的远程控制,可以在这些平台上编程控制 NAO。

2.机器人外围硬件——手爪

机器人的手爪是由 3 根手指组成且只有一个电机通过线驱动控制,所以在抓握高尔夫球杆时存在上下滑动产生位移的现象,比如球杆蹭到地面或是击球时会造成球杆相对于手爪的位移,从而导致击球点产生偏差,影响击球的准确度。如果采用每次击球后调整手爪位置方法不可取,可采用其他方法来调整机器人的手爪。

3. 机器人启动与连接

按下 NAO 机器人胸口的按钮即可启动 NAO。用户可以通过以太网或 Wi-Fi 两种方式连接计算机。第一次使用时先用以太网线连接 NAO 机器人，在机器人启动之后再按下其胸口的按钮，它会报出机器人的 IP 地址，在浏览器打开这个 IP 地址即可进入 NAO 机器人的设置界面，该界面可以设置机器人的扬声器音量、Wi-Fi 连接、语言等功能，接着通过这个 IP 地址和固定端口，即可使用 C++、Python 等编程语言进行连接，调用 NAOqi 的 API 即可实现对 NAO 机器人的操作。此外，NAO 实际是一台计算能力足够强的计算机，它还提供了 SSH（安全外壳协议）的远程登录（Telnet）和文件传输（FTP）服务。通过远程登录和文件传输服务，可以像是用一台装有 Linux 操作系统的计算机那样使用 NAO。

4. NAOqi 框架

在 NAO 上执行 NAOqi 是通过一个代理程序（Broker）完成的。启动机器人时，代理程序会自动加载/etc/naoqi/autoload.ini 文件，这个文件中指定了需要加载 NAOqi 的哪些库，这些库文件位于/usr/lib/naoqi 目录下。一个库包含一个或多个模块，每个模块定义了多种方法。例如 NAO 的运动功能都放在 ALMotion 模块中，让机器人完成移动、转头、张手等动作分别要调用 ALMotion 模块中的 moveTo()、setAngles()、OpenHand()等方法。

使用 NAOqi 框架时，模块可以通过 Broker 通告它所提供的方法，或者找到所有其他已经通告的模块及方法。

Broker 主要有两个作用：直接服务，即查找模块和方法；网络访问，即从 Broker 进程外部调用模块方法。Broker 既是一个可执行程序，也是一个服务器，可以对指定的 IP 和端口监听远程命令。

5. 相机

NAO 头部有 2 个相机，用于识别视野中的物体，其中前额相机主要用于

◎ 程序设计项目实训与竞赛训练综合指导

拍摄远景图像,嘴部相机主要用于拍摄下方图像。获取图像时,首先连接 ALVideoDevice 模块,再调用 subscribe 函数订阅图像,该函数可以设置图片的分辨率、获取图片的色彩空间等参数。最后调用 getImageRemote 即可从摄像头中获取一个图像数组,其中 0 号和 1 号元素为图像的宽、高,6 号元素为图像数据。获取图像后将图像转为 numpy 格式并返回。NAO 机器人如图 10.6 所示。

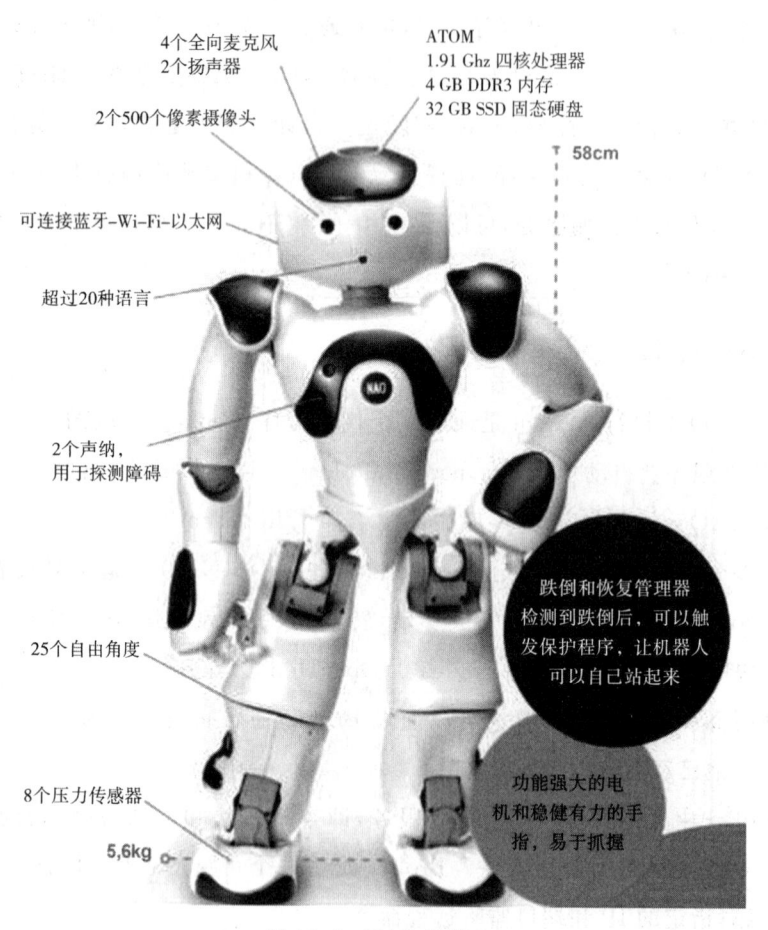

图 10.6 NAO 机器人

10.2.3 机器人高尔夫竞赛备赛指导——目标识别

1. 图像预处理基本知识

在高尔夫比赛中,机器人需要通过视觉识别及定位的主要是红色的高尔夫球和黄色的标志杆。图像预处理是机器人目标识别的基础,包括对图像进行特定通道的分离和滤波操作。NAO 机器人支持的彩色图像格式主要有 YUV422、RGB 和 HSV。采用 RGB 颜色空间还是采用 HSV 颜色空间,通常都能准确地将红球分割出来,但在光线过强或较弱的情况下,HSV 颜色空间更加稳定。因为与 RGB 相比,HSV 颜色空间不会随光照强度的变化而发生剧烈变化,目标物体的颜色值也不会出现较大的偏差,一定程度上减弱了光照条件对机器人视觉系统的影响,增强了机器人视觉系统的自适应能力。

识别红球,需要预先设定好颜色空间各分量的阈值,然后根据阈值将目标从图像中分离出来。阈值的选择可以在实验环境的光照条件下,选取目标在图像中的颜色区域,统计各点的颜色特征,获取颜色空间每个分量的上下限值,并根据阈值对图像进行二值化处理,观察结果并及时进行调整,在效果理想时记录对应的阈值,并将其作为所确定的阈值,最后对图像进行滤波。

2. 红球识别与追踪定位

通过颜色提取来获得符合红色阈值条件的像素点,经过高斯滤波等处理来去除红色噪声点,并使用霍夫圆变换来检测圆形,满足条件的像素点被认为是红球的像素点。在获取了红球的像素点后,机器人需要计算与红球的水平距离。

3. 球杆识别

相对于红球识别,黄色标志杆主要用于确定击球的方向,所以只需要在水平方向确定方位即可。在机器人扫描周围环境时检测到黄色矩形的特征物体后即进行颜色提取与转化,利用边缘提取算法提取出轮廓后,根据标志杆的中线在图像中的水平坐标来确定标志杆与机器人的角度,并根据该角度值计算出机器人所需移动的角度。

4. 机器人识球流程

黄色标志杆主要用于确定击球的方向,所以只需要在水平方向确定方位即可;红球在地面,和机器人摄像头具有一定高度差,单纯基于平面目标的定位方法无法满足实际要求,需要区别处理。

由于比赛场地选用的是短绒地毯,机器人在移动时可能会因摩擦而未能移动到预期的位置,或是因为打滑而产生多余的位移,所以计算所得参数可能最终并不能达到预计的移动位置。因此在每次完成位置移动之后,机器人要重新执行找球程序来确保机器人与红球的相对距离固定,并再一次寻找标志杆,根据头部转角更改站们位姿,循环直到站们位姿调整到可以击球的理想位置。

10.2.4 机器人高尔夫竞赛备赛指导——步态规划和调整

NAO 机器人的 ALMotion 模块包括与机器人动作相关的方法(API)。ALMotion 运行频率是 50 Hz,即运动周期为 20 ms。在 ALMotion 中,当调用 API 去执行一个动作时,要创建一个"运动任务"来处理。每隔 20 ms,这个"运动任务"将计算基本命令(电机角度和刚度变化)来执行这个动作。"运动任务"可以在原线程中实现,也可以在新线程中实现,因此,ALMotion 的方法即有阻塞调用方法,也有非阻塞调用方法。主要实现类如表 10.1 所示。

表 10.1 NAO 机器人主要实现类

方法名	说明	调用方式
wakeUp()	唤醒机器人:启动电机(H25 型机器人关节保持当前位置)	
robotIsWakeUp()	机器人为唤醒状态返回 True	

续表

方法名	说明	调用方式
setStiffnesses（names，stiffnesses）	设置一个或多个关节刚度，names 为关节名或关节组名，stiffnesses 为刚度值，范围为[0,1.0]	非阻塞调用
rest()	转到休息姿势（H25 为 Crouch），关闭电机	
getStiffnesses（jointName）	获取关节或关节组刚度，返回值为一个或多个刚度值 1.0 表示最大刚度，0.0 表示最小刚度，jointName 为关节名或关节组名	
stiffnessInterpolation（names，stiffnessLists，timeLists）	将一个或多个关节按时间序列设置刚度序列值。names 为关节名或关节组名，stiffnessLists 为刚度列表，timeLists 为时间列表	阻塞调用

  NAO 使用刚度控制电机最大电流。电机的转矩（驱动力）与电流相关，设置关节的刚度相当于设置电机的转矩限制。刚度为 0.0，关节位置不受电机控制，关节是自由的。刚度为 1.0，关节使用最大转矩功率转到指定位置。刚度取 0.0~1.0 之间值，关节电机的转矩介于 0 与最大值之间。

  NAO 机器人的 ALMotion 模块含有的行走函数为 moveTo(z, y, theta)。选用 moveTo(x, y, theta)行走函数，并设定 x 轴、y 轴以及机器人绕 z 轴旋转的角度后，即可让 NAO 机器人开始行走。机器人行走前，需要对其路径进行规划以保证机器人行走至目标的距离最近。NAO 机器人的 ALMotion 模块下还有一个函数 setFootSteps()，通过该函数，可自定义 NAO 机器人的步态参数，通过调整每步的距离，可以让机器人行走步态更加稳定，误差更小。

版权所有 侵权必究

图书在版编目（CIP）数据

程序设计项目实训与竞赛训练综合指导 / 潘怡，黄娟，何可可主编．-- 湘潭：湘潭大学出版社，2024.3
ISBN 978-7-5687-1394-8

Ⅰ．①程… Ⅱ．①潘… ②黄… ③何… Ⅲ．①程序设计－竞赛－高等学校－教学参考资料 Ⅳ．①TP311.1

中国国家版本馆 CIP 数据核字（2024）第 048194 号

程序设计项目实训与竞赛训练综合指导
CHENGXU SHEJI XIANGMU SHIXUN YU JINGSAI XUNLIAN ZONGHE ZHIDAO
潘怡 黄娟 何可可 主编

责任编辑：	肖 萑
封面设计：	李 平
出版发行：	湘潭大学出版社
社　　址：	湖南省湘潭大学工程训练大楼
电　　话：	0731-58298960 0731-58298966（传真）
邮　　编：	411105
网　　址：	http://press.xtu.edu.cn/
印　　刷：	长沙印通印刷有限公司
经　　销：	湖南省新华书店
开　　本：	710 mm×1000 mm 1/16
印　　张：	12.5
字　　数：	250 千字
版　　次：	2024 年 3 月第 1 版
印　　次：	2024 年 3 月第 1 次印刷
书　　号：	ISBN 978-7-5687-1394-8
定　　价：	46.00 元